女儿，学会说"我不"

刘思瑾 编著

U0274861

北方文艺出版社

2022年 · 哈尔滨

图书在版编目（CIP）数据

女儿，学会说"我不" / 刘思瑾编著 . —— 哈尔滨：
北方文艺出版社，2022.1

ISBN 978-7-5317-5343-8

Ⅰ . ①女… Ⅱ . ①刘… Ⅲ . ①女性 – 安全教育 Ⅳ .
① X956

中国版本图书馆 CIP 数据核字 (2021) 第 192031 号

女儿，学会说"我不"
NÜ'ER XUEHUI SHUO WOBU

作　者 / 刘思瑾

责任编辑 / 滕　蕾　　　　　　　　封面设计 / 深圳·弘艺文化

出版发行 / 北方文艺出版社　　　　邮　编 / 150008
发行电话 / (0451) 86825533　　　经　销 / 新华书店
地　址 / 哈尔滨市南岗区宣庆小区 1 号楼　　网　址 / www.bfwy.com

印　刷 / 哈尔滨午阳印刷有限公司　　开　本 / 880mm×1230mm　1/32
字　数 / 115 千　　　　　　　　　　印　张 / 5.5
版　次 / 2022 年 1 月第 1 版　　　　印　次 / 2022 年 1 月第 1 次印刷

书　号 / 978-7-5317-5343-8　　　　定　价 / 42.00 元

前言

　　现在的孩子都是家里的"小公主""小王子"，家人将其捧在手心，精心呵护，家人为其遮风挡雨，保护周全，但是孩子终究要长大，家人也不可能时时刻刻陪伴在孩子身边。面对复杂的社会环境，如果没有了父母的庇护，孩子该如何躲避可能受到的伤害呢？虽然很多孩子对危险具有一种天生的感知能力，但他们的自我保护能力较差。因此，如何让孩子提高自我防护能力，是每一位家长需要补上的一课。

　　如今，孩子的安全问题，尤其是女孩的安全问题，已经受到了社会各界的广泛关注。相对来说，女孩更容易成为受害者，这是因为女孩的心思更单纯一些，或者社会阅历少以及自身的特殊性。面对孩子安全问题，除了呼吁相关部门加大打击违法犯罪的力度外，作为家长，如果能提前教孩子一些必要的自我防护知识，就可以让孩子冷静地面对危险，机智地保护自己。

"千般照顾，不如自护。"女孩除了接受常规的安全教育之外，还应该针对自身的特殊性，进一步接受自我保护教育，增强自我保护意识，才能更大限度地保障自己的安全。要在危险来临之前，就在心中给自己拉响警报，而不是等危险临近了，才想起来要学习各种技巧去应对。因此，培养安全意识的同时，还要学习各种自我保护的技巧。世事难料，就算我们不靠近危险，危险却可能在不经意间悄悄地找上门来。

本书将从生活、学习等各个方面教会女孩如何提高自身的安全意识，学会保护自己，学会正确区分"好人"和"坏人"，注重心理健康意识、日常安全意识、校园安全意识以及网络安全意识的培养，同时学习一些应急安全知识和急救措施。

有了自身的安全防护意识，又有自我保护的技巧，希望每一个女孩都懂得保护好自己，健康成长。同时，也希望每一个女孩都被这个世界温柔以待，学有所成，拥有幸福的人生。

目录

第一章

我不跟你走——熟人和陌生人一样要防

第二章

别想欺负我——健康心理培养

第三章

不沉迷网络——网络安全意识培养

第四章

不要远离安全区——日常安全意识培养

第五章

遵守交规我最棒——出行安全意识培养

第六章

危急时刻我有招——危机意识培养

第一章

我不跟你走
——熟人和陌生人一样要防

　　90% 的拐卖绑架案都发生在儿童熟悉的环境中。在真实发生的绑架案或者失踪案中，75% 的孩子被家人或熟人绑架，只有 25% 的孩子受害于陌生人。绝大多数绑架案的凶手都是男性，2/3 的受害者是女孩；绝大多数涉及未成年人的绑架案和失踪案的受害者，年龄都在十多岁的青春期。

1 熟人 or 陌生人，好人 or 坏人

中国女童保护基金统计了每年公开报道的性侵幼童案件，近6年，性侵儿童案年均300起以上，意味着几乎每天都会有1例儿童性侵案发生。2018年曝光的性侵幼童（18岁以下）案例317起，受害儿童超过750人。其中，熟人作案210起，占比66.25%。

熟人不一定是好人，陌生人不一定是坏人

如果你问孩子："坏人是什么样子的？"他们的回答会是多种多样——"留胡子的是坏人""穿黑衣服的是坏人""拿刀的是坏人""凶巴巴的是坏人"……

孩子们的这些答案都是具体的、形象化的，这跟他平时收到的信息是一致的：大灰狼就是坏人啊，跟大灰狼一样凶巴巴的一定是坏人；电影里的坏人都穿黑衣服戴墨镜，那穿黑衣服的很有可能就是坏人。

或许每个家长都曾告诉孩子，遇见坏人了应该怎么做，但却忽略了真正的坏人往往无法用肉眼去鉴别，他或许就潜伏在我们身边，或许就是我们身边熟悉的人，我们却不得而知。

分辨坏人，关键要看行为

许多家长告诉孩子，"不要和陌生人说话""不要和陌生人

走"。在现实生活中，这不可能做到。因为孩子总会遇到和陌生人交流的情况，有时也需要向陌生人求助。警惕坏人和安全社交，孩子该如何做呢？孩子要识别坏人是很难的，不能只通过外表判断，很多坏人是"披着羊皮的狼"，但是，牢记下面"五个警报"，就能更容易识别"坏行为"。当这些警报被触发，可能意味着有危险了，孩子要尽快远离并寻求帮助。

◎**视觉警报**：有人要看你的隐私部位，或让你看他的隐私部位。

◎**言语警报**：有人谈论你的隐私部位。

◎**触碰警报**：有人触碰你的隐私部位，或者让你触碰他的隐私部位。

◎**独处警报**：有人要求你跟他单独在一起。

◎**拥抱警报**：有人拥抱、亲吻你。

警惕陌生人

幼儿年龄小，好奇心强，对于一切新鲜事物都乐于去尝试，但是缺乏正确的判断能力。所以，父母要时常提醒孩子警惕陌生人，如果遇到陌生人，要以警惕的心去对待，不被陌生人的谎言和诱惑欺骗。有时候，陌生人会拿一些巧克力、小玩具吸引孩子，这时孩子不要被他们的诱惑吸引，应拒绝他们的赠予，可以礼貌地说一句："谢谢叔叔，但妈妈不让我拿别人的东西。"

相信自己的直觉

在保护自身安全时，有时候，人的"恐惧因素"具有强大的作用，这是一种动物的直觉本能。许多食草动物吃草时，不时地抬头四顾，时刻警惕，一有风吹草动，就会撒腿飞跑，避免被肉食动物吃掉。而在现实生活中，许多父母抑制了孩子用直觉处理事情的能力，时时都要求其听从父母的指令，所以孩子往往会变得迟钝（指危机应变能力）。父母必须告诉孩子，如果他们觉得自己面临危险（不管这个危险是不是一定发生），可以在自己恐惧本能的驱使下立即离开这个环境。不管在何种情况下，父母一定会支持他！

学会向成年人说"不"

研究表明，因为父母从小教育孩子"要乖，要听大人的话"，所以 9 岁以下的孩子遇到"性罪犯"很少会说"不"。父母可以让孩子知道，如果有人想触摸他们的私处，让他们觉得很害怕或很不舒服，孩子可以用"不"来拒绝成年人的要求。必要时，孩子可以大声呼救，或者逃离现场，父母的力量与他同在。如果有人让孩子做不应该做的事，比如，欺负别的孩子，那么孩子也可以向他们说"不"。

② 认识可疑成年人的行为

有时父母为了吓唬孩子，用"陌生人很危险"的方式教育孩子，这种方式等于屏蔽掉一切陌生人，这显然是不现实的。其实，教会孩子认清什么是可疑行为，更能让孩子懂得如何保护自己。父母有必要让孩子识别以下一些可疑的成年人的行为，在日常生活中经常提醒孩子，和孩子探讨这些情形，并让孩子熟知如果碰到这种情况，应该采用哪种应变方式。

故意寻求孩子的帮助

"我需要你帮我找我的孩子，你可以帮我吗？""你帮我找找我的小狗，好吗？"告诉孩子，大人无论什么原因都没必要向孩子求救。

给孩子喜欢的礼物或糖果等

"你想要吃糖吗？""我的车上有一个滑板，你要吗？""如果你坐在我的腿上和我一起看视频，我会给你我的一只小猫 / 我会让你抚摸我的猫"等。

佯装有紧急情况

"快点！你妈妈出事故了，我带你去医院。"此时一定要告诉孩子，应该找父亲或其他家人问清楚情况。

伪装成其他孩子的父母

"你就是打我儿子的那个孩子。跟我来，我们去找你的父母。"

假装成警察等公务人员

"我是警察，这是我的徽章，你一定要跟我来。"告诉孩子一定要给父母打电话，尽快核实有关情况。

伪装成父母的朋友

"我是你爸爸的一个老朋友。他让我过来看你，你能带我去你家吗？"为了博取孩子的好感，让孩子卸下防备心理，有时候陌生人会装作认识孩子的父母，或者以孩子父母的名义要求孩子去做一些事情。父母应在平时就告诉孩子，如果遇到陌生的叔叔、阿姨自称是父母的好朋友，一定要记住他的脸和衣着特征以及车牌号码，想办法打电话跟父母联系，确定是否确有其人、其事，如果父母确认没有此事，就应该及时报警。

让孩子保守"秘密"

如果任何一个成年人要求孩子保守一个令人不安的秘密，告诉孩子，一定要把这件事和他信任的父母、大人讨论。

向孩子询问个人信息

"你家的地址是什么？如果你告诉我，我会送你一个玩具。""我需要你的电话号码，这样我可以和你的父母联系。"父母一定要告诫孩子：不要透露个人信息，比如，姓名、地址、电话号码、所在学校、父母姓名、社会安全号码、信用卡号码。一般来说，大人不会需要孩子的个人信息，如果大人一直追问，孩子可以让他们问自己的父母（学校老师除外）。

别给陌生人开门

有人敲门时，如果父母在家，父母要去开门。如果孩子独自在家，千万别应门。接电话时，别让孩子说独自在家，可以让孩子这么说："我父母现在有点忙，抽不开身，能麻烦你留个口信，我等会儿让我父母回电话。"这样给人的感觉是家中还有其他人。

③ 不要给陌生的叔叔阿姨带路

对于陌生人的求助，孩子是热诚相助，还是谨慎拒绝呢？课本里、童话故事里，处处都在教育孩子们要善良、乐于助人，并且告诉他们帮助人会得到好的回报，冷漠、自私的人会被惩罚。然而现实生活中，因为帮助陌生人而导致孩子受伤或者被拐卖的事件偶有发生。可以告诉孩子，未成年人最重要的是安全地长大，而不是毫无防范意识地去帮助他人。

孩子拒绝陌生人并不是没礼貌

很多孩子知道应该拒绝，可是他们从小受到的教育告诉他们，应该对别人的求助热心对待。电视台曾做过这样一次实验，陌生人对孩子说："我着急上厕所，借用一下你家厕所，好吗？"很多孩子虽然面露犹豫之色，但在对方的一再恳求下，还是本着"做个礼貌大方的好孩子"的原则把陌生人领进了自家的大门。

其实，拒绝陌生人并不是不礼貌，而是为了保护自己。面对陌生人的求助，孩子可以回答："对不起，您还是问问别的叔叔阿姨吧，妈妈说大人更能够帮助大人。"假如周围人不够多，孩子也可以说"我去帮您叫别的大人过来"，或者"我马上到人多的地方去帮您找警察叔叔"。在拒绝陌生人的技巧里，这叫作转移矛盾法，即将自己解决不了的问题转移给他人。

不帮助陌生人不算没爱心

实际上，"向孩子求助"这件事本身就有问题。试想一下：如果你在一个陌生的城市问路，你是愿意向一个能和你充分沟通交流的成年人求助，还是找个幼小的孩子来问呢？只需表达能力的问路尚且如此，那些比问路更麻烦的事情难道不是更应该如此吗？想想看，熙熙攘攘的都市中有那么多成年人，110电话又方便，居然有人特意向一个孩子求助，这事情是不是有些奇怪？除非是身处学校问某一间教室在哪儿，或者在人烟稀少的深山老林里。否则，陌生人没有理由一定得让孩子帮忙。所以，未成年人拒绝陌生人的求助是理所应当的。因此，如果不认识的人让孩子帮忙，请让孩子告诉他们："我还小，帮不了您，请您找大人帮忙吧。"

如果有人向孩子问路，孩子要记得这样做：如果知道路可以帮忙指点，但是如果对方请你引路，就要提高警惕，即使是你非常熟悉的地方，即使这个地方离你所在位置不远也不要去。你可以有礼貌地告诉陌生人："爸爸妈妈不让我和陌生人走，你可以去路口让警察叔叔帮你带路。"如果陌生人纠缠你，可以大声呼喊，引起路人的注意。

④ 不要接受陌生人给的糖果和玩具

经常看到一些长得很和善的叔叔阿姨给孩子好吃的东西。其实有的陌生人给孩子吃东西是有目的的，孩子不懂得分辨真假，而且嘴又馋，很容易中他们的圈套。这些坏人很可能会在食物中放入一些药品，孩子吃了这些食物之后，就会呼呼大睡，坏人们就会趁机绑架。虽然，这个世界上好人还是比坏人多的，但是爸爸妈妈不在身边的时候，孩子还是要小心，绝不能接受陌生人的食物和糖果，绝不要跟着陌生人走，即使和他们在一起很好玩，或者出于善意去帮助他们。要知道，绑架者经常以这样的话诱骗孩子："你能帮我找一只小狗吗？它走丢了！""我的车里有只特别可爱的猫咪，你要看看吗？"

成年人不应该向孩子索取帮助，更不能向孩子索取东西！如果有人要诱拐孩子上车，告诉孩子要大声尖叫并逃跑！

⑤ 不做小红帽，保护家庭隐私

《小红帽》的故事家喻户晓，虽然故事的结尾是美好的，猎人救出了狼肚子里的小红帽与外婆，但在现实生活中，危险一旦发生，伤害便无法避免。

所以，我们必须防患于未然。这就要求孩子要学会拒绝陌生人，管住嘴巴，不要轻易泄露自己的隐私。好玩、好吃是孩子的天性，往往诱惑也来自这两个方面。抵制诱惑的最好办法，就是让孩子牢牢记住：不接受陌生人给的食物、玩具等，绝对不去陌生人提供的场所玩耍；对于陌生人问的很多信息，只有得到爸爸妈妈的许可才可以讲。

⑥ 不能让别人碰自己的隐私部位

　　任何人没有经过孩子父母的允许都不能随便碰他的隐私部位。孩子的身体只有自己有权利支配和做决定。要教会孩子当有人想看他的隐私部位，或有人主动暴露自己的隐私部位，抑或让他去摸别人的私处时，他应该如何应对。

　　告诉孩子，遇到这种事情，不要害怕，不要惊慌失措。让孩子知道，如果有任何一种上述情况发生，一定要明确地拒绝对方，赶紧离开那个人，并告诉爸爸妈妈。平时，这样的教导不一定可以杜绝坏人对孩子的性侵犯，但是能让孩子知道，只有自己才拥有支配自己身体的权利，要学会保护自己的身体，并且碰到侵犯时，要态度坚决地保护自己、拒绝侵犯。

身体是属于自己的

　　孩子的身体是属于自己的。孩子的身体是隐私的，特别是性器官部分。没有任何人有权利看或是摸孩子这部分的身体，乳房、阴部、肛门，这些是非常隐私的部位，除非是爸爸妈妈为孩子洗澡的时候，或者是医生为孩子检查的时候。

不需要帮坏人保守秘密

如果有人看过或碰过孩子的身体，或是有人企图或要求这样做，孩子都一定要告诉父母。如果这样的事情发生了，父母绝对不会因此向孩子生气，反而会很庆幸孩子把实情告诉了他们，这是正确的做法。如果这个人对孩子说："不能告诉你的爸爸妈妈，这是个秘密！"要让孩子记住，无论是谁，如果他要求孩子保守这样的"秘密"，那肯定是错的，即使这个人是警察、老师、亲戚，抑或护士、医生。

相信自己的感觉

孩子的身体是属于自己的。父母相信孩子，也要求孩子相信自己的感觉，所以如果有人看孩子或是摸孩子的方式让孩子觉得很不舒服，父母要告诉孩子立刻远离他们。

孩子也不能触碰其他人的隐私部位

和别人不能碰孩子的隐私部位一样，孩子也不可以触碰别人的隐私部位，即使是陌生人要求孩子这么做的。

7 落入坏人手中如何自救

告诉孩子，不要独自去偏僻的地方。一旦碰到需要迅速摆脱的险境，可以丢掉任何携带的东西，并大声叫喊，快速跑走。如果可能，可以跑到就近的成年人身边(最好是成年男子)，尖叫："救命啊！这不是我的爸爸！"如果孩子被陌生人带走，要大声叫喊，并拼命抓住周围固定的物体，比如，车门、自行车扶手等。告诉孩子：如果为了保护自己而伤害凶手，你的行为没有错，属于正当防卫，但如果对方手里有利器，比如，刀、枪等，先不要激怒他，以免伤害到自己。

如果万一不慎落入"虎口"，孩子要保持冷静！告诉孩子：

如果万一被绑架，父母、亲戚及公安人员肯定会竭尽全力地营救你！所以你应稳住歹徒，拖的时间越长，获救的机会也就越多。

如果歹徒是陌生人，要设法记住其相貌特征、衣着和口音，以便协助公安机关侦破。当你还未脱离险境时，不要对歹徒说你记住了他的相貌特征，会报警抓他，以免惹恼歹徒，杀人灭口。

如果绑架者是两人以上，要设法制造歹徒之间的矛盾，选择精神高度紧张、初犯、偶犯或对人质有同情心的歹徒，争取得到他的信任，设法逃脱。

如果歹徒要你给家里写信或打电话，要设法暴露你所处的地点或行踪。比如，打电话一定要拖延时间，为公安机关侦破歹徒所在地提供时间，切不可鲁莽地与歹徒搏斗。如果四周无人，不要呼救，以免激怒歹徒，引来杀身之祸。

教会孩子四个自救技能

① 记住城市、小区、门牌号

② 记住父母的名字、电话

③ 120 110 119
教孩子拨打紧急电话：急救120、求助110、火警119

④ 孕妇或有孩子的父母　穿军警制服的群体　一群学生　超市商场统一着装的人
让孩子记住相对靠谱的可求助对象

第二章

别想欺负我
——健康心理培养

　　培养孩子的健康心理，让孩子在遇到暴力、嘲笑时勇敢面对，让孩子面对压力时变得坚强，让孩子努力改正自己的小毛病，健康成长。

1 打我的就要打回去

现在有很多熊孩子真的让人头疼，在游乐场经常可以看到这样的一幕，有的孩子不是抢东西就是打人，而且他们的父母看了还得意地笑，丝毫不以为然。那么，如果你的孩子被打，作为父母，你会怎么办，你支持打回去吗？

告诉孩子最常见的几种处理方法：

①用合适的方式告诉长辈。

②要尽量避免正面冲突。

③如果不是什么大事，就不要跟他人一般见识。

④打回去。

中国公安大学犯罪心理学专家李玫瑾教授做客《开讲啦》被问及这个问题，她用了"肯定支持"四个字来回答。

在《开讲啦》节目里，李玫瑾教授分享了自己的孙女刚去幼儿园被伤害的事例。

小女孩上幼儿园一个月就被一个喜欢她的小男孩抱起后扔下，磕在坚硬物上导致头部肿胀。与普通家长做法不一样的是，她用专业知识告诉孙女怎么保护自己："因为男孩和女孩体力悬殊会导致被抱起后你挣脱不掉，如果再遇到这样的事情时，就两只手拽对方耳朵，一拽就疼，他自然就会把你放下了。"

为什么要打回去呢？李玫瑾教授说："被欺负的孩子如果不打回去，那些欺负别人的熊孩子就会一而再，而三地欺负别人，因为好玩。"

是的，大多数时候，仅仅是因为好玩，欺负别人的熊孩子就为所欲为，把这个恶作剧一直延续下去，如果被欺负的孩子不打回去，熊孩子就不会有同理心和共情力，更不会因此而产生敬畏之心。

人一旦失去敬畏之心，往往会变得肆无忌惮、无法无天，甚至丧失底线。

很多父母对孩子的教育是，只要孩子乖乖的，就不会遇到被人打的情况。但事实上，在这个复杂的世界里，自己不作恶容易，不被欺负却很难。因此，女孩要懂得保护自己，不伤害别人，但也不要被别人伤害。

让孩子不伤害别人，但也不要被伤害

我们不鼓励孩子在与同龄人交往时以武力解决问题，而是教导孩子不主动攻击他人，不使他人受伤害。但是如果我们的孩子被其他孩子打，他自己奋力回击的时候，父母应尽量让他们自己去解决，尤其是发生在同龄孩子之间的攻击行为。例如，在幼儿园里，如果是对方故意找碴，就要平等地还回去。

既然已经教会了孩子善恶分明，那就要尊重其本能的情绪。为什么要求一个几岁的孩子去掩饰自己真实的情感呢？对别人的伤害要忍让，甚至要以德报怨，会让孩子渐渐失去对这个世界最初的好恶的判断。为什么很多孩子挨打了就哭，只会蹲在墙角里哭泣？很多都是父母对他们情绪的否定、压抑造成的自卑。孩子受欺负了打回去，让伤害他的人知道他不可以随意被伤害，其实就是一种本能。

父母要让孩子从小做一个勇敢而温暖的人，坚定地告诉他："如果有人打你，你就勇敢地按照自己的方式回击。当然，回击别人要注意分寸，如果欺负停止了，回击也要停止，不要造成主动的攻击和伤害。"

让孩子学会自我保护

以其人之道还治其人之身的方式只有在双方力量相当、保证人身安全的前提下才可以使用。父母还要教孩子各种自我保护的方式。例如，当遇到比自己年龄大、体格强的孩子时，孩子首要是做好自我保护。

告诉孩子，如果有人打你，一定要大声地喊出来，表明自己的态度："你不要打我！打人是不对的！"

如果对方继续打或者抓住孩子，孩子要按住对方的手，并把对方的手从自己的身上剥离，并迅速离开，确保不会受到进一步的伤害。

如果对方继续追打或者场面不可控，孩子应立即寻找身边成年人的保护，可以是老师、父母，或者管理员。不一定在每次遇到问题的时候就求助于外力，但需要让孩子明白，当自己的能力无法应对时，老师和父母都是可以保护他们的力量。

告诉孩子，在任何场合，一定要有一些好朋友。真正容易被欺负的人，往往都是孤立的。只有融入了集体，才拥有了震慑危险的力量。

最重要的一点，不管在外面遭遇了什么事情，孩子都一定要告诉父母。父母应该让孩子知道，家在任何时候都是可以信任的港湾。不管事情的结果如何，父母都应该尝试着去理解、安慰和包容孩子。

父母一定要告诉孩子：我们不惹事，但也不怕事；遇到自己能解决的问题，可以适当反击打回去；遇到自己一时解决不了的问题，我们需要首先保证自己的人身安全，然后换个策略想办法处理。

② 拒绝敏感、忧郁，让生命多点阳光

很多父母会发现孩子突然变得沉闷，看起来心事重重、愁眉不展，有时还叹气。孩子遇到一点不如意的事，就会大喊大叫，跟父母顶嘴。不仅在家里是这样，还在幼儿园里咬同学、打同学、破坏玩具等，老师制止他也不听。有时候又像变了个人似的，自己坐在角落里，谁也不理，谁也不睬。父母往往以为孩子年龄小，每天无忧无虑的，怎么可能会有忧郁的情绪。也有些父母觉得女孩子的敏感、忧郁是天性，长大就好了。其实这些想法是错误的，随着孩子的不断成长，孩子也会有忧郁的情绪，这绝不是危言耸听。

不论男孩女孩，忧郁绝不是孩子的天性，忧郁是孩子的一种不良情绪，是由他们日常生活和学习中一些不良的情景或事件引起的。这种不良情绪会给孩子带来悲伤或痛苦，消磨孩子的才华与斗志。当孩子出现不良的负面情绪时，需要父母及时地疏导，帮助孩子远离不良情绪的侵扰。

指导孩子理智调节情绪

有时，让孩子感到忧郁的并不都是糟糕的事情，还有孩子对事物消极的认识。因此，当孩子情绪低落、忧郁的时候，父母需要冷静、理智地帮助孩子分析对事物的认识是否正确，考虑是否

周到。如果父母能帮助孩子改变自己的看法和态度，纠正认识上的偏差，用理智控制消极情绪，就可以使孩子的消极情绪减弱，最终消除。

引导孩子转移情绪

转移情绪就是根据自己的要求，有意识地把自己已有的情绪转移到其他事情上，使消极情绪得以缓解。在孩子心情低落的时候，父母可以寻找一些令孩子开心或是振奋的事情。例如，和同学讲讲笑话、打打球，或是一家人出去踏青等，让愉快的活动占据孩子的时间，让时间的推移来逐步消化孩子心里的积郁，用积极的情绪来抵消消极的情绪。父母要教孩子：千万不要闷在自己的世界中，陷入死胡同。

教导孩子宣泄情绪

适当地宣泄情绪具有积极的作用，可以把不愉快的情绪释放出来，使心情平静。情绪的宣泄有很多种方法，比如倾诉、哭泣、高喊、运动等。当孩子心中有烦恼和忧愁时，父母要教导孩子可以向老师、同学、父母以及兄弟姐妹诉说，也可以用写日记的方式进行倾诉；情绪低落时，也可以大哭一场；在自己什么事情也不想做的时候，可以适当地运动，使自己精神振奋。但是，在宣泄自己情绪的同时，要注意时间和场合，不要伤害到自己和别人。

对孩子适时暗示

暗示是通过语言的刺激来纠正或改变人们的某种行为状态或情绪状态。父母可以通过自己的积极暗示来减少或消除孩子的低落情绪。例如，当孩子情绪低落、忧郁的时候，父母告诉孩子："忧愁于事无补，还是面对现实吧。"在孩子早上起床的时候，告诉孩子："新的一天开始了，昨天的忧伤已经过去，你要开开心心地度过今天。"这些都是很好的积极暗示，它们会悄然地改变孩子的心境。

对孩子进行目标激励

当忧郁情绪缠绕着孩子时，孩子什么事情也不想做，什么事情也不愿想，没有目标、没有方向，完全处于一种迷茫状态。这时父母应该引导孩子为自己树立一个目标，最好是一个近期目标，使孩子有方向感，不会感到无事可做。父母应该告诉孩子，在给自己树立目标时，一定要实事求是，要树立自己在近期内能够完成的目标。

让孩子多参加活动

让孩子多与同龄人接触、交往，参加同龄人之间的各项活动，培养孩子正常的人际交往能力，在此过程中让孩子认识到拥有快乐情绪的重要性。

父母应该了解孩子心情忧郁的原因，做好防护工作，并在家庭中尽量避免一些诱发因素，很好地处理孩子的忧郁倾向，防止一些不必要的事情发生。

总之，随着孩子的成长，孩子也会有忧郁的时候，但常常因为年龄太小所以不能及时化解。为了孩子的健康，父母应随时关注孩子的情绪变化，千万别让心情的"阴云"遮盖了孩子脸上的阳光。

③ 不与校外社会不良青年交朋友

社会青年，指的是社会上一些不良青年和社会闲散人员。青少年学生由于心理尚不成熟，对交往的理解还不是很透彻，这样很容易交到不良朋友，或者在交往中出现不良的举动。不良的交往不利于青少年的身心发展。因此，青少年学生要学会控制不良交往，而且不要和校外社会不良青年交朋友。

不良交往制约青少年学生的品德发展

曾有一批专家对青少年学生违法犯罪团伙形成及演变过程进行分析，从中我们可以看出，很多犯罪的青少年学生的早期教育都存在缺陷，未能及时弥补，从而逐步导致不良品德和恶习的形成，并积习难改，进而在不良群体乃至社会交往中学习、模仿违法犯罪行为，随着个人强烈占有欲的上升，不断使违法犯罪思想及行为深化，最终演变成了集体犯罪。

青少年学生很容易受其交往对象的潜移默化的影响。马克思说过："一个人的发展，取决于和他直接或间接进行交往的其他一切人的发展。"极少数在校学生之所以走上违法犯罪道路并恶性发展，与其不良交往息息相关。交往得越广，交往伙伴越复杂，交往伙伴的品质越坏，交往活动越频繁，坠入违法犯罪的泥坑越迅速，陷入的程度也越深。很显然，一个人的不良交往必然导致思想、感情、行为形成恶性循环，而他们交往对象的类型也决定了他们罪错的类型、性质的严重程度。在校学生的不良交往主要是一般性的不健康娱乐、打闹、交谈等，其主要作用是提供结伙途径、媒介、对象等。他们经常纠合在一起，长期受不良观点和信息的影响，在思想上泛起在沉渣，排斥一切良性、健康的东西，片面地探求感官刺激，必然会在行动上有所表现。具体表现为拒绝社会道德、纪律和法律规范的约束，继而严重违纪，然后向违法犯罪的方向发展。

人际交往作为决定青少年学生品德良好发展的要素之一，要求他们必须具有良好的同伴关系，即在同龄人集体中关系和谐。有一些中学生与同伴和集体相处不好，对集体活动不感兴趣，他们逐渐变得不爱同学和集体了，与同学和集体的距离拉远了。这无疑对他们的心理发展和品性发展都没有好处。

青少年学生由于交往不慎引发违法行为时，在很大程度上影响了教育青少年学生取得成就的进程。所以，迫切需要拿出有效的办法，通过社会、学校、家庭的共向性工作，阻止青少年学生之间的不良交往，对他们进行思想教化，引导他们朝着健康交往的方向发展。

不良交往危害青少年学生

正因为青少年学生具有爱模仿的特点，因而会结交一些坏朋友——对其而言危害极大，在坏朋友的影响下，他们很容易染上不良习气。从青少年学生违法犯罪的实际情况来看，结交坏朋友往往是青少年学生走向歧途和堕落的开始。俗话说：近朱者赤，近墨者黑。对违法犯罪青少年学生的作案动机进行的调查显示：30% 的青少年学生起先并无犯罪动机，多是受了朋友的怂恿、激将而冲动为之。而且好朋友纠结一起做坏事，能互相壮胆，消除紧张心理，从而加强了他们的违法犯罪动机。

另外一方面，青少年学生也可能会受到社会上人际交往关系的影响，而形成品行障碍，有些坏人专门引诱和指使缺乏经验的青少年学生去干坏事，然后从中渔利，不但危害社会，而且毒害了青少年学生，使他们的品行迅速恶化，甚至走上违法犯罪的道路。作为青少年学生，一定要加强警惕心和辨别是非的能力。

不跟不良社会青年交朋友要做到以下几点：

① 树立正确的人生观、价值观。作为青少年，要有明确的是非观，区别哪些事情能做，哪些事情不能做，不要认为跟着不良社会青年打架、抽烟是一件很酷的事情。

② 增强自控能力。如果自己有这方面的倾向或者有来自社会不良青年的诱惑，最好及时告诉父母，让他们想办法帮助自己改正。

③ 增强与人交往的能力，多跟学校里品德好的孩子交朋友，跟他们一起上课、玩耍，充实自己的生活。

校园暴力层出不穷，同学之间恐吓、勒索等事件时有发生，但是很多孩子会选择沉默，任由施虐者为所欲为，自己默默地承受痛苦。在这个过程中，被勒索者可能都会有一种侥幸心理，认为可以"花钱消灾"，觉得"给了钱他就不会打我、骂我了"。尤其是很多女孩因胆小，一被吓唬就乖乖听话了。假如勒索者再说些"如果你不给钱，我就扒了你的衣服，拍照放到网上去"等威胁的话，爱面子且又胆小的女孩就更加不敢反抗了。

但是很显然，勒索者的心理与被勒索者恰恰相反，他们会觉得"吓唬一下就给钱，对这样的胆小鬼下次再多要点"。即便是对待女孩，他们也毫不留情。女孩的软弱与害怕自己被人耻笑的心理，使得勒索者更好下手。如此一来，女孩的软弱恰恰成了被勒索者抓在手里的弱点，他们可能就会更加猖狂，而女孩所受的伤害也会越来越深。

因此，遇到这种恐吓、威胁、勒索，最终的解决办法应该是，既保护好自己，又没有给自己增加新的负担，还能让那些勒索者自动退去。

面对勒索时，一定不要表现出自己有钱，不能乖乖地将钱双手奉上，就算对方说"我看见你花钱了，还花得不少呢"或者"我明明看见你很有钱"，也要立刻"撒个谎"，告诉对方自己现在没钱，如果对方想要，以后再约定个时间"给"他。

当然，说自己没钱的时候要适当地表现得软一些，比如，可以说"不巧啊，我刚把钱花掉了"，或者说"今天我没带那么多钱，可为难了呢"。此时可以发挥女孩"能言善辩"的优势，用好话、软话来哄得对方暂时不会对我们自己有太大的敌意和威胁。否则，看似硬气地说一句"我没钱"，可能会激怒对方，甚至让对方做出一些让我们不能承受的事情。

接下来可能会有两种情况：一种情况是对方妥协了，允许女孩"缓一缓"给他钱；另一种情况就是对方气焰更嚣张了，甚至来翻书包，变为抢钱。面对这两种情况，女孩也要理智、冷静。

对于第一种情况，女孩要趁着这"缓一缓"的时间赶紧将情况反映给学校、老师和父母，如果有必要，还可以将这样的事情反映给公安机关。

而面对第二种情况，如果他来翻书包，那就先让他翻。趁着他翻书包的时候，如果女孩能跑，就以最快的速度跑开，并寻求最近的老师或者其他教职工的帮助。

如果女孩当时被困住了，就要想尽办法通知附近的同学或朋友，请他们来帮忙。如果大家都怕这些人，没人敢帮忙怎么办？这时女孩要先保护好自己不受伤害，钱财先任他拿走。当勒索者离开之后，再立刻将自己的遭遇告知老师或父母。

此时，千万不要想着"就这一次，也没什么吧"，更不要觉得如果告诉了老师，勒索者会来报复。其实，这些勒索者就是典型的"欺软怕硬"。要在第一次遭遇这种事的时候如实反映给老师和父母，请他们帮忙确认是否要走法律途径。

总之，面对恐吓、威胁、勒索，女孩要记住一条解决问题的原则，那就是"迅速、坚强、灵活"，即快速地将问题暴露出来，坚强地应对发生在自己身上的遭遇，灵活地处理各种突发情况。

5 与男生相处保持距离

异性交往一直是很多老师和父母格外重视的问题，尤其是女孩到了青春期时，该如何与男生相处，便成了老师、父母最为紧张的事情。但也正是因为身处青春期，女孩的情绪、情感也都进入了一种不稳定的状态。对异性的好奇，导致女孩的情感开始萌芽，而对感情的好奇，又会使女孩的情感释放得不得当，最终便很容易和女孩自认为的"男朋友"一起跨越友谊的界限，开始一场不合适的感情。

虽然不能说所有自青春期开始的感情都是错误的，但青春期开始的感情是不牢固，也是不够真实的。因为青春期的孩子身心都在发生巨大的变化，此时很容易头脑发热就做出一些不理智的

行为，一旦女孩不能很好地处理与异性之间的关系，青春冲动的情感火焰可能就会将女孩烧得体无完肤。

也就是说，在还不能很好地把握自己的时候，女孩更要理智地与男生相处，不要轻易就打破友情与爱情之间的界限，而是要让纯洁的友情陪伴自己度过快乐的校园时光。

因此，在和男孩相处的时候，女孩最好记住以下几个注意事项。

要与男生分彼此

女孩和男孩是好朋友，这是很常见的事情，就像女孩和女孩之间会有亲密无间的友谊一样，有些女孩和男孩之间的友谊也会变得"亲密无间"，甚至到了不分你我的地步。如果到了这个地步，女孩可就要好好考虑一下了。

因为男生毕竟是男生，他的思维方式和女孩是不同的，女孩觉得彼此就是"好哥们"，但他可能不这么看。尤其是青春期的男生，他们对于女孩所做出来的任何一个看似亲密的举动，都可能会产生误解。

因此，别和男生太亲近，要时刻记住他的身份。别动不动就勾肩搭背表现出彼此的友好，而是要保持一定的距离，彼此间减少不必要的身体接触。衣着要符合年龄和学生身份的特征。同时，说笑间也要留有女孩该有的矜持，可以大方开朗，但不要口无遮拦。

多做属于女孩该做的事情

有些女孩的行为处事可能会偏男孩一些，很喜欢男孩的游戏，也喜欢做男孩乐意做的事情。虽然不能说有错，但这容易导致女孩迷失自己的性别。可男孩却能清楚地认识到女孩的性别，他们也许会误以为女孩这些看似大大咧咧的表现，其实就是在向他们示好，这种误解也许会给彼此间的友谊带来冲击。

女孩还是该多做女孩的事情，多玩女孩的游戏，和女孩说说彼此的知心话。可以和妈妈多聊天，从妈妈身上感受女性的魅力。当然，也可以去问问爸爸，从他的角度来看，希望女孩应该怎样表现。

最好多结交两性的朋友

多结交两性的朋友，可以让女孩更好地协调自己的性别认知，从而使得自己更好地把握自己的性别特点。例如，女孩可以在女性朋友身上感受到女性的特质，也可以在她们身上参考该如何与男孩相处。如此一来，女孩也就会在这样的环境熏陶下保持好自己的女性特质。

而在男性朋友身上，也可以去感受他们对女性的感觉，反过来就能更好地调整女孩自己的行为，以免给对方造成错觉。

总之，当女孩能自如地和两性朋友互相交往时，也许就不会因为只和男孩交往而产生错误的友情了。

第三章

不沉迷网络
——网络安全意识培养

对孩子来说，网络是一把双刃剑，有利也有弊。善于利用网络的人，在学习和生活中如虎添翼，不会利用网络的人，却深陷泥沼。因此，父母要注重对孩子网络安全意识的培养，使其正确使用网络。

1 正确对待网络

青少年因为网络交友而引发离家出走或被侵害的问题，其背后根源还是与家庭教育和成长环境有关。独生子女缺少同龄人之间的交流，有些孩子因为父母忙于工作而缺少关爱，这些都会导致青少年通过网络寻找交流的机会。在这种环境中成长的青少年，往往不懂得如何与陌生人交流，网络的匿名性给了孩子安全的错觉，但这会引发更严重的问题。

网络已经不是兴起初期的洪水猛兽了，网络已经日益普及到千家万户。青少年通过网络交友，跟曾经流行的书信交友没有区别，谈网色变没有必要，网络交友也并不可怕，可怕的是网络被一些不法分子所利用，最终受到侵害的还是青少年。

青少年在网络交友中一定要加强安全意识，尤其是涉及约见网友。网络上的相处，更多的来自语言的表达，如果对方投其所好，或者给出一堆虚假信息，很容易使青少年产生错误的判断，感觉对方是个好人。不要等到受骗之后，才后悔当初没有提高警惕，一定要多方面求证对方是否可靠，如果避免不了见面，最好找个能够保护自己的朋友陪同。

孩子的心智不成熟，容易沉迷网络交友，甚至发展网恋，一旦发生问题，又很难做到理性认识、正确看待。父母平时应多给孩子讲一些相关方面的案例，让孩子提高自身的防范意识。

青春期是少年到成年的过渡时期，生理和心理上的急剧变化，

让这个时期的孩子有时会感到茫然，无所适从。他们需要有人理解，需要有人能够倾听他们的心声。而为了生计忙碌奔波的父母没有时间顾及、理解他们，使得他们很难与父母沟通，孩子的交流需要得不到满足，才会出现外界替补。通过网络，孩子能够找到有共同语言的同伴，抒发自己的感情，表达自己的内心世界。

所以作为父母，平时无论工作多么忙，也要经常抽出时间与孩子多交流与沟通，及时地给孩子关怀和帮助，使孩子觉得生活充实而有意义，避免将情感和精力过多地耗在网络上。尤其是女孩，父母一定要把好关。有的孩子甚至为见网友而离家出走，发生在青少年身上的网络诈骗事件也屡见不鲜。对于孩子的上网问题，父母不但要限制时间，更要把关内容，并不是不让孩子接触网络，而是要理智地选择，有效地避免，最好的方法是疏而不堵。

② 正确使用电脑、手机等学习工具

与其想方设法阻止孩子接触手机和电脑，倒不如教会孩子如何正确合理地使用手机和电脑，毕竟在今天的网络时代，手机和电脑是每个人都不可或缺的。

控制使用时间

父母一定要控制孩子使用手机和电脑的时间，每天让孩子使用时间不要过长。

监督使用的用途

在孩子使用手机和电脑的时候，父母要监督孩子是如何使用手机和电脑的，看看孩子使用的用途，可以玩学习游戏、观看学习的视频。

规范坐姿

在孩子使用手机和电脑的时候，父母要督促孩子不要距离手机和电脑太近，注意使用时的姿势，因为现在很多孩子因为使用手机和电脑的姿势不对造成近视和驼背。

不要下载网络游戏

对于学龄前的孩子，尽量不要让其接触网络游戏，也不要让其在手机和电脑上下载网络游戏，网络游戏很容易让人沉迷其中。

绿色上网

孩子使用手机和电脑，那就一定会接触互联网。网络上的各种网站和页面，会经常弹出一些不健康的页面，父母要教育孩子绿色上网，不随意进入未知的网站。

可以玩益智游戏

现在网上也有许多的益智游戏，父母偶尔让孩子玩一玩可以锻炼孩子动脑思考，但是一定要注意控制玩益智游戏的时间。

3 网吧不是我们该去的地方

网络世界丰富多彩，网络世界无限诱惑，然而网络中不良信息的危害也很多，尤其是网吧，往往是各类恶性事件的发源地，不容忽视。网吧绝不是女孩该去的地方。

影响学业

迷上网吧，足以毁人一辈子。如果无限制地泡在网上，浪费时间，分散精力，将对日常学习、生活产生很大的影响，上课、做作业的时候不能集中注意力，导致厌学、逃学、学习成绩下降等，甚至会让孩子厌恶一切学习，从而误入歧途，更严重的会荒废学业。

心理受损

由于网迷对上网有着很强的心理依赖，轻者影响学习、身体，严重者致使心理变态、扭曲。许多未成年人一旦上网，便无法自控，将太多的时间精力花在网吧里，导致学业受影响，老师批评、父母生气，反而自己的心理负担更重。

安全隐患

大多数网吧都未聘请专业人员安装设备，也未经消防、安全、文化、卫生等部门允许，其营业场所电脑安放的密度、电脑的走线、安全出口等都存在着不同程度的问题，而且大多数网吧进出仅一扇门，无安全通道和疏导标志，存在着巨大的安全隐患。

④ 拒绝自杀类游戏

网络上的"自杀游戏"被称为网络精神强制，利用很多青少年的好奇心或者轻生意念，形成了一整套类似于邪教或传销的"洗脑机制"，让诸多青少年相互感染。这些游戏通过不断地改变参与游戏的青少年的认知结构，并对其灌输怪异的价值观和世界观，最终通过降低其思考判断力，让青少年做出类似自杀的举动，其危害不可估量。

"自杀游戏"主要通过三种途径来控制青少年

首先是心理控制。"自杀游戏"假借"游戏""挑战"或"赌博"的名义，刻意在社交网站上将其包装为集趣味性、刺激性以及神秘性于一体的"游戏"，从而弱化了"教唆自杀"的根本目的。通过语言对各类神秘、未知现象的包装和渲染，让好奇心和好胜心强的青少年被诱骗其中。

其次是行为控制。"自杀游戏"通过打乱参与者的作息周期、剥夺睡眠、限制活动范围等，强化了"主人"（游戏中"导师"的角色）的威严感，使得参与者必须对其言听计从，摧毁参与者本身的独立人格，使之在长期的机械性行为中丧失了自我约束力，在刺激、恐慌的心理之下，把自己当作任人宰割的羔羊。

最后是信息控制。"自杀游戏"大多强调封闭信息交流，控制参与者能够接收的信息来源，不断渲染和夸大死亡的未知性，使之无法接触到正面信息，进而产生悲观、消极和厌世的情绪，内心将变得黑暗而无力。在封闭的环境之中，参与者的心态容易变得疯狂而暴戾，丧失了本身的心理戒备、正常认知和自我保护。

女孩要提高网络安全意识，学会安全上网，拒绝接触这类游戏。那么，如何才能做到安全上网呢？

首先，要学会甄别网站

①山寨类、钓鱼类网站大多制作粗糙，提供虚假服务热线，包括公司地址、公司联系方式等内容的相关页面无法打开，或者页面上存在明显错误。

②检查该网站有没有公布详细的经营地址和电话号码。

③友情链接。一个正规的网站都有和其他网站的友情链接交换，可以通过查看它们的友情链接来分辨网站的可靠性，如果友情链接的网站权威性和知名度很高的话，说明这个网站比较安全。

④支付方式。正规的代理商均会采用第三方在线支付平台或网上银行进行交易，而不会要求消费者直接汇款。

⑤客户投诉渠道。正规的网站都设有客服投诉渠道，包括热线电话、QQ、论坛等各种不同的形式，用于解答消费者的各种问题。

其次，不能沉迷于网络

①沉迷网络会导致意志力的消磨和自控能力的下降。

网络的过度使用，使青少年对网络产生了强烈的依赖心理。特别是网络游戏中的冒险刺激、网络交友中的轻松自如、网络不健康内容里的新鲜诱惑等，使青少年逐渐产生"网络成瘾症"，而对自己的生活和学习失去兴趣，缺乏毅力，自控能力下降，学业荒废。

②沉迷网络会导致"网络性格"的形成和身体素质的下降。

网络性格最大的特征是"孤独、紧张、恐惧、冷漠和非社会化"。对互联网虚拟世界的依恋、人机对话和以计算机为中介的交流，容易使人的性格脱离现实社会而产生异化。同时青少年正处于生长发育的旺盛期，长时间待在电脑前，精神处于高度紧张状态，还受到辐射，会损害各种人体机能，导致身体素质下降。

③沉迷网络会导致价值观念的模糊和道德观念的淡化。

青少年时期，正是人生观和价值观的形成期，好奇心强、自制力弱，极易受到异化思想的冲击。网络既是一个信息的宝库，也是一个信息的垃圾场，各种信息混杂，包罗万象，新奇、叛逆而又有趣味性。特别是西方发达国家的宣传论调、文化思想，极易使青少年的人生观、价值观产生倾斜，模糊不清。网络虚拟世界里人际关系的随心所欲、无须承担责任和免遭惩罚的特点，养成了青少年以自我为中心的品性，特别是网络上的暴力、色情、欺诈等事件，使得迷恋网络的青少年道德素质下降、道德观念淡化。

④沉迷网络会导致对周围人、事的不信任和紧张的人际关系。

在网络这个虚拟世界里，人人都以虚假的身份出现，尽管很多时候你可以大胆地表达自己的真实想法，或无所顾忌地说你想说的话，但在虚假的身份之下，网络人际关系很少有真实可言，时时充斥着不信任感，人际关系紧张。特别是对于"性格内向"的青少年，网络为其提供了展示自我的平台，但也使他们在"网下"变得更加内向和自我封闭，从而给自杀类游戏找上门来提供了一些可行条件。

5 预防网络诈骗

网络的兴起为人们的生活带来了很多便利，同时也为诈骗提供了便利。网络诈骗，是指为达到某种目的，在网络上以各种形式向他人骗取财物的诈骗手段。

网购交易异常诈骗

当你在网店拍下商品后，客服联系你："亲，不好意思啊，你拍下的东西目前没有货，我把钱退还给你吧！"然后问你要银行账号，要把钱直接打到你的账户里。由于是在网店购买，对卖方的身份比较信任，有时候就会告诉卖方自己的账号、密码之类的信息。此时，客服会发送给你一个链接，让你进行退款申请，这个时候千万不要点击链接。

凡是接到自称网店客服、网店店主的消息说你的交易异常，要求退款时，在没有核实情况之前，千万不要透漏自己的银行卡号、网购账号和密码等私人信息，更不要按照对方发送过来的链接地址进行操作！

网络传销类

"想生活得好一点吗？想小投入获得大收获吗？想的话，请到下面网站看看，你会有意外的收获。不需买卖商品，只需通过简单的注册，交50元会费，就可以在3个月内赚10万，一年内赚100万。"

这是一个典型的网络传销广告，由于人们对传销的理念已有一定的认知，所以对传销致富仍然抱有幻想，加上50元会费投入很小，一些侥幸者会抱着试试看的心态汇出50元，结果肉包子打狗，有去无回。

网络购物诈骗

如今，一些不法分子在知名网络交易网站，会向不特定群体随意散布虚假商品信息，或直接制作虚假购物网站，编造公司名称、地址和联系电话等，诱惑那些贪图便宜的网友。诈骗商品小到女性饰品、服装等小件商品，大到手机、电脑、汽车等贵重商品，交易一律采取先付款后发货的方式，一旦网友按照卖方要求汇入货款，卖家便会消失得无影无踪。

网络中奖诈骗

很多网友在浏览网页或进行网络聊天时，都会"幸运"地收到"恭喜您中大奖"的信息。当信以为真的网友与兑奖方联系时，对方都会以需要保证金、支付邮寄费用等各种借口，要求网友先汇钱。当网友汇去第一笔款后，骗子还会以手续费、税款等其他名目，继续欺骗网友汇款，直到"吃干榨尽"为止。

假冒银行网站"网络钓鱼"

网站页面几乎与正规银行网站一模一样，且域名十分相近，有的只差一两个英文字母。时下，一种名为"网络钓鱼"的新型网络诈骗手段愈演愈烈。不法分子通过设立假冒银行网站，当用户输入错误网址后，就会被引入这个假冒网站。一旦用户输入账号、密码，这些信息就有可能被犯罪分子窃取，账户里的存款可能被冒领。

海外网络私募基金骗局

"由美国政府证券交易机构和国际知名投资公司联合推出，具有国家认证和审批证书，一个月回报率达到 25%，4 个月就能拿回本金，以后年年有分红。"面对这些诱人的条件，一些人对这样的海外私募基金信以为真，投进了多年积攒下来的积蓄后，最后血本无归。

如何预防网络诈骗

想要预防网络诈骗，平时要提高警惕，不贪便宜；使用比较安全的 U 盾等支付工具。千万不要在网上购买非正当产品，比如手机监听器、毕业证书、考题答案等。要知道，在网上卖这些所谓的"商品"，几乎百分百是骗局，千万不要抱着侥幸的心理，更不能参与违法交易。凡是以各种名义要求你先付款的信息，请不要轻信，也不要轻易把自己的银行卡借给他人。提高自我保护意识，注意妥善保管自己的私人信息，比如，本人证件号码、账号、密码等，不向他人透露，并尽量避免在网吧等公共场所使用网上电子商务服务。同时可拨打官网客服电话、学校保卫处电话、当地派出所电话或 110 报警电话，向有关部门进行求证或举报。

第四章

不要远离安全区
——日常安全意识培养

孩子活泼好动，对很多事物充满好奇心，什么都想看一看、摸一摸。日常生活中往往会触碰到很多危险物品而不自知，一旦发生伤害，不仅影响孩子的身体，还有可能造成心理阴影。

① 不随便玩刀具

父母看到孩子拿刀，总是心惊胆战，孩子却没有危险意识，只是觉得刀很好玩，能切东西。父母如果在此时吓唬孩子，孩子是不会理解的，不懂父母为什么不让他玩。面对这种情况，父母应该怎么做呢？

给孩子玩一些相对安全的刀具

有一种塑料刀子，不是很锋利，可以拿给孩子玩，让他去探索，既伤不到孩子，也能满足孩子的好奇心。孩子总是对一些未知的事物感到好奇，如果父母一味地阻止孩子去做一些他认为很好玩的事情，不利于孩子探索能力的发展。

在可控范围内，让孩子自己知道刀的危险

孩子如果不听劝，那么父母要注意看着孩子，如果孩子即将发生危险，或者发生了危险但在可控范围内，可以让疼痛和事实给孩子教训。有很多事情，孩子总是听父母说，孩子并不能深切体会，因为他没有经历过，如果危险在可控范围内，让孩子经历一次，比说百次更有作用。

与孩子做好约定

父母可以和孩子约定，比如，等到他多少岁可以使用刀，让他抱有一点希望，耐心地等到可以使用刀的年龄。

收好危险刀具

低龄孩子的手部动作不熟练，稳定性也差，很难控制较重的刀具。因此，父母一定要把危险刀具放在孩子拿不到的地方，不要让孩子随意进出厨房、工具房，不要接触尖锐刀具，不要玩弄工具盒，以免出现不可挽回的后果。为了促进孩子手部精细动作的发育，可以给孩子使用安全剪刀玩剪纸游戏，但也必须在父母的监护下进行，不能大意。

一般刀伤的处理

① 将双手洗净，用清水清洁伤口。

② 擦上消毒药水，如过氧化氢，太刺激的消毒或消炎药会伤害伤口的组织，所以要小心使用。

③ 盖上消毒纱布，包扎固定。

严重刀伤的紧急处理

① 压迫止血法。直接用纱布、手帕或毛巾按住伤口，再用力把伤口包扎起来。

② 止血点指压法。所谓止血点，即出血的伤口附近靠近心脏的动脉点。找到止血点用力按住，减少出血量。

③ 止血带止血法。严重的血流不止时，用布条、三角巾或绳子绑在止血点位置上，扎紧；每 15 分钟略松开一次，以避免组织坏死。最好在 40 分钟以内送医院急救。

注意事项

如果是小伤口，可以用清水或生理盐水稍微冲洗（以伤口为中心环形向四周冲洗），然后消毒，再用干净纱布包扎，当伤口结枷时，就可以不用包了。如果伤口较大，千万不能冲洗，先止血，再用干净纱布覆盖，切记不要把血块用力清掉，这样会造成两次伤害。

② 不能随便吃药，那不是糖

在孩子的眼里，什么事情都是新鲜的、美好的。然而生活中总会暗藏各种各样的危险，比如，看起来没什么特别，甚至尝起来甜甜的药片，误食之后，后果可能相当严重，甚至危及生命。

①为了防止孩子误服药物，喂孩子吃药时，不要骗孩子这是糖，应该告诉孩子正确的药名与用途，否则较小的孩子很容易真的把药当作糖果食用。

②不要当着孩子的面吃药，年龄较小的孩子可能会模仿大人吃药。

③定期清理过期药品。

④如果孩子表现出无精打采、昏昏欲睡，不能排除误服安眠药等镇静药物，应该马上检查药物是否被孩子动过。

⑤如果误服了一般性药物，且剂量较少，可以先查看说明书，确定是否超过了允许的最大量，无法确定的话可以咨询医生。如果吃下的药物剂量大，或者没法确定剂量，应尽快送往医院。

⑥去医院之前，最好能采取一些急救措施。比如，误服了强碱药物，应立即服用柠檬汁、食醋、橘汁等。

⑦父母要将错吃的药物或药瓶带上，帮助医生了解情况。

给小朋友的话

　　药瓶里的小药片，红红绿绿真好看，有的药吃起来甜甜的，好像水果糖！

　　可是，小朋友，你千万要小心，这些药可不能随便吃。药片是用来治病的，只能在生病的时候吃，而且还要在爸爸妈妈和医生的同意下才能吃。

　　如果误服了药物，很有可能引起严重的后果，情况较轻的会出现如头晕、头痛、肚子痛、拉肚子等，情况严重的甚至还会危及生命呢！

　　所以，万一你不小心吃了不该吃的药物，要赶紧告诉家里的大人。

3 玩火的"红孩儿"不是乖孩子

喜欢玩火的孩子，年龄一般在5~12岁，主要表现为学父母做"假烧饭"游戏，在床下或其他黑暗角落划火柴，模仿父母吸烟，在炉灶旁烤、烧食物，随意焚烧废纸、柴草，玩弄打火机及开关液化气炉具，在室外点火取暖，在可燃物附近燃放烟花爆竹，以及在危险厂房、仓库内点火玩耍等，这些行为都极易引起火灾。

儿童消防要注意

①不要玩火。火柴、打火机不是玩具，不能随便玩。点蜡烛、点蚊香有火灾危险性，这些物品应该放到特定的位置，大人在使用时应注意远离可燃物。

②不可将烟蒂、火柴等火种随意扔在废纸篓内或可燃杂物上。

③不要摆弄家里的电器、煤气、灶具开关等。家用电器、家用燃气都存在火灾危险性，应当在父母的监护下安全使用。

④在无监护人或者其他成年人陪同看护时，不得单独燃放烟花爆竹，不得私自碰家里存放的易燃易爆危险品。

⑤要知道家里哪些地方容易发生火灾，遇有火灾时怎样报警。知道家庭及住宅楼发生火灾时疏散的路径。

⑥5级以上大风天气或高火险等级天气，禁止使用以柴草、木材、木炭、煤炭等为燃料的用火行为，禁止室外吸烟和明火作业。

⑦通过烟气弥漫的火场时，要弯着腰，弓着背，低姿势行进或匍匐前行，不要深呼吸，要用湿毛巾捂住口鼻。一旦身上着火，不要乱跑，要马上站住，就地躺下打滚，以压灭身上的火。困于火场时，要拨打119报警电话向消防队员求救。

⑧学会怎样拨打119报警电话。但不能随便拨打119报警电话谎报火警，报警时要讲清楚着火的地点、现场情况，并留下联系方式。

电会隐身，不能随便碰

随着生活水平的不断提高，生活中用电的地方越来越多了。因此，有必要让孩子掌握以下最基本的安全用电常识：

①认识和了解电源总开关，学会在紧急情况下关闭总电源。

②不用手或导电物(如铁丝、钉子、别针等金属制品)去接触、探试电源插座内部。

③不用湿手触摸电器，不用湿布擦拭电器。

④电器使用完毕后应拔掉电源插头；插拔电源插头时不要用力拉拽电线，以防止电线的绝缘层受损导致触电；电线的绝缘层脱落，要及时更换新线或者用绝缘胶布包好。

⑤发现有人触电要设法及时断开电源；或者用干燥的木棍等物将触电者与带电的电器分开，不要用手直接救人。年龄小的孩子遇到这种情况，应呼喊成年人相助，不要自己处理，以防触电。

⑥不随意拆卸、安装电源线路、插座、插头等。即使是安装灯泡等简单的事情，也要先断开电源，并在父母的指导下进行。

⑦学会看安全用电标志。红色，表示禁止、停止，遇到红色标志注意不要触摸；黄色，表示注意危险，如"当心触电"等；蓝色，表示指令，必须遵守的规定；绿色，表示指示、安全状态、通行。

⑤ 热水会烫手，我不玩

烫伤是孩子经常遇到的伤害，通常由炙热的液体（开水、滚烫的油、热汤）、发热的固体（热水袋、取暖器）、火焰等接触皮肤造成的。

孩子尤其是1~3岁的婴幼儿，活泼好动，好奇心强，善于模仿，而又缺乏生活常识和自我保护意识，对危险认识不足，烫伤的发生率最高。由于孩子的皮肤薄而娇嫩，即使接触到温度不是很高的热源也可导致烫伤，同等热力造成的损伤比成人要严重。

防烫伤

日常生活中，父母应该做好孩子的看护工作。

①厨房用具、电热用品、火源要收好，使用电熨斗、开水器、烤箱、电饭煲、取暖器时，父母要在场，用完后及时拔下插头，放在孩子不能触及的地方。

②给孩子洗澡时，先放凉水，再放热水。

③教育孩子不要玩火、摆弄电线，玩耍应远离厨房，不接触热的厨具、电器，不单独接触开水或热的食物。

烫伤后正确急救

①如果孩子不幸烫伤，急救最关键的第一步，是立刻用流动的冷水（自来水）冲洗烫伤部位，让引起烫伤的热量被带走，直

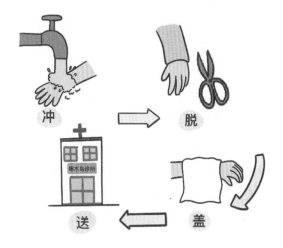

到水停止后伤口不再疼痛为止。

　　需要注意的是，在烫伤创面上涂抹牙膏、锅底灰、菜油、酱油、红药水、紫药水等做法，不仅对救治烫伤没有作用，还会遮盖受伤皮肤创面，无法迅速确定创面的大小和深度，增加感染风险和医生处理创面的难度。建议不要在伤口上抹任何东西。

　　②冲够时间后，可以轻轻地脱下烫伤处的衣服，避免衣服上的余热持续造成损伤，脱下有困难时可用剪刀剪开衣服。如果衣物已经严重粘连，需要轻轻地把患处周围的衣服剪开。千万不要硬脱，否则可能会将烫伤的表皮撕脱，造成再次损伤。

　　③其后，用干净的纱块或布料覆盖烫伤创面。如果烫伤皮肤已有水泡，请不要弄破水泡。

　　④做好以上家庭急救措施后，接下来再把孩子送往医院进一步诊治。

⑥ 跟宠物相处，安全事项要记牢

狂犬病是世界上病死率最高的疾病，发病后死亡率100%。目前，豢养宠物的家庭越来越多，而人们无法识别家中宠物和貌似健康动物是否携带狂犬病毒，当被动物舔舐、抓伤、咬伤后，对是否会得狂犬病存在侥幸心理，这也成为狂犬病危害日益加大的重要原因。因此，为了孩子的身体健康，建议不要养宠物，如果确实喜欢养小动物，在诸多细节上应多注意，防止孩子受到伤害。

了解宠物习性，避免受到伤害

饲养宠物前应先了解宠物的习性和性格。这样不仅能够更好的饲养宠物，同时也可以让我们避免一些不必要的伤害。在诸多饲养宠物的人当中，养猫和养狗的人数占绝大部分。那么，看似温顺的小猫小狗，为什么对你发起攻击呢？一味地用宠物项圈牵引宠物制止其行为，也不是长久有效的方法，找到它们伤人的原因才是根本。

促使猫伤人的原因

恐惧诱发攻击。当猫感到害怕时，它们的"反击或逃跑"的反应机制被激活。大部分猫倾向于从危险（真正的和想象中的）中逃跑，但是，如果它们被逼入死角，或者由于其他原因无处可逃，它们将选择攻击。在无路可逃的情况下，即使是害羞或者胆小的猫也会选择攻击。但有时原因并不明显。胆小的猫也许害怕各种它所想象的威胁，比如，突然的声音或者运动。另外，你的猫以前可能经历了某些事情，导致它受到伤害，使它尤其害怕某些我们并不是特别注意的东西或者现象。因恐惧诱发的攻击也是猫对惩罚的自然反应，尤其是身体的惩罚。猫不会从任何一种对狗和小孩使用的惩罚和谴责手段中学到任何东西，它们不会改正它们的错误，只会更害怕你和变得更加暴力。

转嫁攻击。 不管最初的动机是什么，猫如果不能通过报复抵抗攻击源，它们将会把这种情绪转嫁到最近的人或其他动物（家狗、其他的猫等）身上。你的猫也许端坐在窗前，突然，它发现了一只狗、浣熊或另一只猫，它开始表现得激动起来，但是由于被限制在室内，使它不能对感知到的危险做出任何有意义的反应。在这一瞬间，当猫把精力都集中到外面的威胁时，你碰巧经过，爱抚它的头，此时，它压抑已久的攻击情绪都会释放在你认为毫无原因的攻击上。

疼痛导致攻击。 对人类来说，这也许是最容易理解的攻击类型。可怜的小猫沉浸在痛苦中，所以很自然，它会感到烦躁，并且试图攻击身边的所有人。大家可能有同感，当小猫经受兽医的比较痛苦的治疗时，有时会表现这种情况。毕竟，它不明白这是为它好，只是本能的保护自己不受伤害而进行自卫。有时要查明导致猫攻击的痛苦的原因是非常困难的，可能我们并没有意识到的时候，已经给它们带来了痛苦。例如，当你把你的猫抱起来的时候或者帮它们梳妆打扮的时候可能会不小心伤到它们，因为猫的皮肤非常敏感。

爱抚导致的攻击。这种攻击是猫主人最熟悉的一种情况。你的猫安静地趴在你的身边，祈求你的爱抚，你开始温柔的抚摩它。刚开始的时候，猫发出满意的咕噜声，但是就在几分钟内，咕噜声开始慢慢地停顿下来，它的尾巴开始抽动起来，突然你的猫回身抓住你的胳膊就是一口，留下一个齿印和爪印。这是很常见的一种猫的行为模式，有些猫对太长时间的爱抚感到威胁，并且变得过度激动。目前，很难解释这是为什么，每只猫来说多长时间算太长也没有确切的说法。如果你经常和这样敏感的猫科动物一起生活，你将很快知道这个时间的确切长度。

疾病诱发的攻击。猫变得富有攻击性也可能源于医学问题。猫的脑膜瘤（覆盖全脑的膜上的肿块）、脑血栓综合征（脑里的血管缩小，阻碍供血）、狂犬病和弓形体病可能都和攻击性行为有

关联。因此，对于任何无缘无故暴力的突然开始和逐渐增加，你应该首先向兽医咨询是否为医学原因。你最了解你的猫，所以你应该注意它的行为变化，并把它作为猫的生活规律和健康评估的一部分。这些疾病中，狂犬病是最为危险的，因为这种病有传染给人的危险，并且通常是致命的。如果你怀疑猫有暴力倾向（不管猫是你的，还是别人的），也许与狂犬病有关，你必须立即和兽医联络。

促使狗伤人的原因

性冲动。狗经常会为统治权发生侵犯行为，而且公犬比母犬更容易发生。这些侵犯行为多发生在狗自己的领地里。有些狗仅仅因为交往不适应就会发起攻击，而这类问题主要是性激素引起的。

母性攻击。雌激素可以增强母犬的攻击行为。在一年两次的激素分泌增加期间，很多母犬的占有欲望增强而且容易发怒。

天生的狩猎行为。当狗发现猫、兔子、鸟、老鼠、乌龟、羊等动物时，伏低身子，紧盯凝视，缓慢向前移动，最后扑上去。这种行为是狗与生俱来的天性，是狗在自然界中的一种生存本能，有这种本能的狗会追逐、捕获、拨弄玩耍并最终杀死猎物。

恐惧性攻击行为。很多情况下，狗明显的攻击行为实际上是为了防御，而不是为了攻击。如果它的领地里出现了其他狗，有些狗会用攻击行为威胁对方走开。

掠夺性攻击行为。对狗而言，追逐本身就是有趣的，其他的乐趣还有追逐中的飞扑、扑倒被追逐的小狗、咬住慢跑者的脚踝等。这是一种原始的攻击行为。

地域性攻击行为。狗在自己的地域内最有自信，假如狗曾在这些地方和客人有良好的接触经验，它就不会认为陌生人是有威胁性的，如果早期缺乏这样的经验，任何客人都可能被视为具有危险性。

常见攻击情况

狗的警告。当狗被激怒时，会抬起头，皱着鼻子，露出利齿，对人发出警告。和狗接触时要注意狗的表现，如果狗发出警告的声音或做出攻击的姿势，要立即停下来，慢慢离开。

误闯领地。狗会把一块地视为自己的领地，如果陌生人随意闯入，便会遭到攻击，这是它的本能。也正因为狗有这种本能，才会被人训练成为看家犬、警戒犬等。

乱动私有财产。每只狗都有自己的私有财产，可能是一些小玩具和食物。狗会把它们看得很重要，有人乱动时会发起攻击。

追逐跑激发野性。要避免孩子和狗追逐跑，因为狗在追逐跑的情况下可能会被激发野性，产生攻击行为甚至伤人。

不喜欢被拍后脑勺。特别是拍打陌生狗的后脑勺，会被误认为你想支配它，它会产生防御心理甚至咬伤拍打者的手。想要狗对你放心，应该摸其胸部和肩部。

不喜欢与人直视。狗不喜欢面对人怪异的动作，也不喜欢被直视，它们会认为这是在挑衅。

傍晚时容易激动。和人一样，狗也有生物钟，狗在傍晚6点左右情绪易激动，有可能会对目标不分青红皂白进行攻击，因此傍晚时最好带它到较安静的环境里散步，避免受惊吓。

学会与宠物相处

不能单独相处。千万不能让 6 岁以下的孩子单独和动物待在一起，即使是养了很久很乖的小动物，非常多的抓伤咬伤都是在孩子和宠物玩耍的时候出现的。养宠物之前，先带小宠物去医院体检，并注射相关的健康疫苗。不管家里养什么宠物，犬类、猫类、禽鸟类，为了孩子的健康，都应按时去正规防疫站注射狂犬疫苗、禽流感疫苗等。

训练宠物的基本生活习惯。如在哪儿进食、在哪儿睡觉、在哪儿排泄等。不要让孩子用手直接给宠物喂食，教会孩子将食物放到宠物饭盒里，让宠物自己食用。

及时清洗宠物餐具。宠物的餐具用过后，要立即清洗干净，并用开水消毒，避免孩子触碰。很多鼻炎或者哮喘病人的过敏是因宠物毛引起的，在宠物引起的过敏反应中，皮肤过敏较为常见，而孩子最易中招。平时应保持宠物的身体清洁，勤给宠物洗澡，常修剪指甲、毛发，宠物的小窝也要经常打理。

不要亲密接触。促使过敏性疾病发病的并不是宠物脱毛导致的虱子增殖，而是与宠物的种类有着某种关系。平时要给狗狗刷牙，注意狗狗的口腔卫生情况。不要和狗狗亲吻，尤其是老人和孩子。

按时给宠物做好驱虫工作。我们都知道小动物身上和粪便中有寄生虫，为了防止孩子因此而生病，家里的宠物要按时驱虫。如果发现宠物身上有寄生虫的话，一定要及时到宠物医院或防疫站做驱虫工作。

碰完宠物要洗手。为了尽可能防止孩子因宠物感染疾病，不仅要教孩子和宠物玩耍后要用香皂洗手之外，家里其他人也都要做到这点。

多关爱宠物。宠物有时也会有心理问题，这和人是一样的，动物在愤怒、忧伤、不开心的时候，可能会做出破坏周围事物的举动。因此家人也要给予家里宠物一定的关爱，让宠物也感受到心灵的安抚，这样也会减少宠物攻击孩子的可能性。

知道了如何与宠物相处，就可以更好地饲养它们。

不在楼梯和走廊玩耍

儿童意外伤害事故中坠楼事件常常发生，大多因家中未安装防护栏而从窗户或阳台坠下。有些孩子坠楼事件，是父母不在家，将孩子独自留在家中所酿成的。

父母一定要为孩子做足安全防护措施，在孩子活动较多的地方，最好安装防护栏。阳台、窗台等处不要堆放杂物或摆放椅子，以免孩子攀爬，发生意外。刚学会爬、走的孩子，不能离开父母视线范围。孩子比较敏感，离开家人会出现恐惧和急躁情绪，所以父母千万不要把孩子单独留在家中。不得不外出时也要将窗户关好，还要特别注意检查屋内设施，比如，缝隙过大的阳台栏杆、没有防护的窗户，位于窗户边的桌子和床等，要做好防护措施，以避免发生不测。

学校走廊和楼梯安全须知

①人多拥挤的时候，不要因为赶时间，而在楼梯道上奔跑，这样极易发生危险。

②在人多的地方，一定要手扶栏杆上下楼。

③课间操结束后，整队上下楼时要与前方同学保持一定距离。

④不要在拥挤的楼道弯腰拾东西、系鞋带。

⑤不要在楼梯间打闹。

⑥上下楼时，靠右行不逆向行走，不挤压楼梯防护栏，不要手扶防护栏上下，不能将身体紧靠在楼梯走廊的栏杆上。

⑦放学等上下楼梯密集时段，由各楼层值周老师注意关照学生上下楼梯的秩序和安全。

8 危险游戏不乱玩

生活中，很多父母喜欢和孩子一起玩，喜欢看孩子被逗笑。但是，有些逗孩子开心的游戏其实很危险，很可能给孩子带来伤害。

过多地逗孩子笑

适当地逗逗孩子，既可给家庭带来乐趣，也能使孩子在笑声中健康成长。但是，过分的逗笑却会带来一些不好的后果。因为孩子缺乏自我控制的能力，如果逗得笑声不绝，会造成瞬间窒息、缺氧，引起暂时性脑缺血，损伤脑功能，还可能引起口吃。过分张口大笑，容易造成下颌关节脱臼。睡前逗笑，还会影响孩子入睡。

"荡秋千""拔萝卜"

一些父母会拉着孩子的双手或者脖子玩"荡秋千""拔萝卜"游戏，认为可以促进长个儿。事实上，长个儿是骨细胞分裂增生的结果，而这两种游戏只是对肌肉和关节进行机械牵拉，身高不会因此发生改变。孩子的头受到向上牵拉力时，颈椎可能被拉伤，甚至导致截瘫；玩"荡秋千"时，可能造成关节脱臼或骨折。

乱捏鼻子

在日常生活中，有些人看到孩子的鼻子长得扁，或者想逗孩子乐，喜欢用手捏孩子的鼻子。别小看这轻轻地一捏，这可能会带来意想不到的后果。常捏鼻子会损伤孩子的鼻黏膜和血管，降低鼻腔防御功能，孩子因此容易受到细菌、病毒侵犯而生病。乱捏鼻子还会使孩子鼻腔中的分泌物、细菌通过咽鼓管进入中耳，诱发中耳炎。

抛孩子

用手托住孩子的身体往上抛出几尺高，在其下落时，用双手接住。孩子自上落下，跌落的力量非常大，不仅有可能损伤成年人，而且成年人的手指也有可能戳伤孩子，如果戳中要害，会引起内伤。在接住孩子的瞬间，如果下落姿势不正确，很可能损伤孩子的脖子，造成颈椎的损伤。更危险的是，一旦未能准确接住孩子，后果不堪设想。

"倒挂金钩"

孩子头朝下，父母拎住孩子的脚，让孩子倒立起来，甚至也有倒拎起来转圈的例子。孩子这种头朝下的姿势，容易导致脖子受伤。

"中弹"游戏

让孩子张开口，向其口内投花生米或豆子，投一次吃一粒。这是十分危险的游戏。一旦花生米或豆子投入气管，或孩子大笑时呛入气管，轻者呛咳，重者窒息。

"坐飞机"

父母的双手分别抓住孩子的脖颈和脚腕，用力往上举，同时转圈。这种逗乐方式不仅有跌伤孩子的危险，还可导致孩子脑部受伤。因为这种快速旋转，会使孩子的脑组织与颅骨相撞，损伤脑神经，影响大脑的发育。

拧面颊

孩子长得活泼可爱，父母和亲朋好友常常喜欢用手拧孩子的面颊。专家表示，这样很容易让孩子受伤。孩子的面颊脂肪垫丰满，肌肉张力低，若常受刺激易使局部软组织和血管神经受到损伤。此外，如果经常受到刺激，腮腺和腮腺管收缩能力会降低，可导致孩子流涎和腮腺感染。

给孩子玩香烟

有些父母让孩子嘴里叼根烟，引得周围人哈哈大笑。吸烟对孩子的心肺、呼吸系统和脑功能有极大的破坏作用。不论对大人还是孩子，香烟中的尼古丁都容易使人上瘾。对孩子来说，尼古丁还容易造成幻觉和头痛等不良反应。

骑脖子

我们在街头或者公园里，经常能看到有些父亲让孩子骑在自己脖子上看风景。父母陪孩子出游是值得鼓励的，但应该注意陪伴方式。孩子骑在父母的脖子上，位置较高，重心不稳，且容易被远处的风景吸引，可能会分心而抓不稳，甚至跌落。因此，在人多的地方，父母要拉住孩子的手或抱起来，不应骑脖子。

顶头

一些父母喜欢和孩子玩顶头比力气游戏。孩子的囟门还没有完全闭合，顶头过程中，头部受到外力，颅内压力增大，一定程度上会影响大脑发育。游戏中，父母也不容易掌握力度和发力方向，很可能造成孩子颈椎受损、视网膜剥离等伤害。

前滚翻

这是不少孩子睡前喜欢玩的床上游戏，父母往往觉得床垫软，不会伤到孩子。但是这一动作只有经过专门训练，才能准确掌握技术要点，几岁的孩子对姿势掌控力不强，滚翻过程中四肢蜷缩，重心不断变化，一旦失误，颈椎和四肢都易受伤。

9 不要弄碎体温计

玻璃体温计里面所含有的水银，也就是我们常说的含有剧毒的重金属"汞"。如果孩子不小心将体温计打碎了，父母一定要谨慎处理，避免全家人中毒。

快速将散落的水银全部收集

不要用毛巾擦拭，要直接用抹布（用后废弃）或者多用几张手纸，将散落在地面、桌面的水银全部收集起来，并且仔仔细细地检查一下。

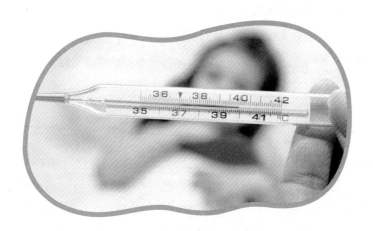

快速消毒

不管是桌面还是地面，亦或床上，应立刻进行消毒处理。桌面和地面的话，用消毒液擦拭几遍就可以了，而床上的话，直接把床单撤掉清洗干净。

快速彻底地清洗双手

刚刚所说的那一系列动作，你都要带上橡胶手套操作，如果没有戴手套，且水银接触过你的手的话，立刻用水龙头里面的水不断地冲洗，并且多次使用肥皂清洗。

关闭屋内制热设备

因为水银在高温下会蒸发得很快，为了便于清理，应尽量避免它在屋内蒸发，水银一旦蒸发对身体的危害会非常大。所以应迅速关闭屋内制热的设备，比如，空调、电暖气等。

开窗透气

将打碎水银的那个屋子的窗子打开，让室内的空气流动起来，体温计里面的水银含量不是很多，一般情况不会对身体造成一定的危害。

⑩ 塑料袋不是玩具

塑料袋、塑料包装纸、气球等物品都有一个共同的特性，就是一旦捂在孩子的口鼻部，孩子都会因窒息而导致死亡。

日常生活中，家家户户都有塑料袋、塑料包装纸之类的东西，因其轻、薄、不透气、色彩鲜艳，可以盛放东西等特性使商家爱用它做包装。回家后，父母不注意收放购物袋，这类东西就成了孩子的玩具。最常见的意外是大孩子把塑料袋套在小孩子头上玩。一旦塑料袋贴在小孩子脸上发生窒息时，小孩子无能力将它及时取下就会造成死亡。

如果发生窒息，父母应该立即摘掉塑料袋进行抢救。

假如幼儿已经无意识、无反应，也没有呼吸，要赶快向医院求救，并开始急救。先让幼儿躺着，抬高他的下巴，用你的手指捏住他的鼻子，然后再用你的嘴唇封住他的嘴巴，每3秒钟做一次呼吸动作，并且每分钟检查幼儿一次。

⑪ 不在浴室里玩耍

爱玩水是孩子的天性，在家总爱往浴室跑，但是浴室存在着许多的安全隐患，女孩子更要注意不能在浴室里玩耍，容易伤害自己，而父母也应采取措施来避免这些危险的发生。

浴室积水

家里的浴室积水是常有的事，对于刚刚学会走路没多久的孩子来说，这是非常危险的，气温高的时候，有些孩子不爱穿鞋，总是光着脚丫满地乱跑，一不小心踩到浴室的积水就容易滑倒。父母应养成良好的居家习惯，每次出入浴室的时候，都应及时将地面的积水擦拭干净，最好在卧室放置防滑垫，减少孩子滑倒受伤的概率。

浴室内的易碎玻璃

很多家庭的浴室内都装有透明的玻璃门，而如果你家的玻璃门恰好是非常容易碎的那种类型，对于孩子来说则是非常危险的。建议父母安装玻璃门时，要选择防爆材质的玻璃门，最好选择质地较厚、质量较好的，推拉的时候一定要注意安全，别让孩子单独逗留在浴室内，以免发生危险。

浴室内的洗漱用品

我们在浴室当中都会囤积很多的洗护用品，例如，洗衣粉、洗发水、沐浴露、消毒剂等，这些用品本身对孩子来说是没有多大的伤害，但是如果放错了位置或不小心被孩子误食了，那后果就很严重了。父母要注意，这些洗护用品不要直接放在地板上，可以放到孩子完全触摸不到的高处，一些漂白粉、消毒剂等化学类用品，最好放在带锁的小柜子里锁好，避免孩子误食发生意外。

浴室内的尖锐物品

很多家庭的浴室内会摆放很多尖锐的物品，是父母不容易观察到的，平时也很少去注意这些，例如，爸爸的剃须刀、妈妈的修眉刀等，孩子一个不注意拿过来玩耍或者是不小心碰到了，就容易造成身体上的伤害，后果非常可怕。因此，一些尖锐的物品尽量不要放置在浴室内，避免刮伤孩子。

浴室内的浴缸浴盆

有些孩子太小，不适合在浴缸里洗澡，父母会给孩子选择小一点的浴盆来洗澡，说到孩子的浴盆，也要注意安全问题，如果浴盆太滑、不固定的话，很容易侧翻，造成孩子摔倒。因此，建议父母可以把浴盆牢牢固定住，这样可以降低孩子在洗澡时发生侧翻的危险。另外，给孩子所用的浴盆不能太滑，孩子一般在洗澡时很爱动，如果太滑的话，则容易发生危险。

⑫ 不憋大小便

很多孩子可能都有过憋大小便的经历，有的是因为下课贪玩，忘了上卫生间；有的是因为害怕被老师批评或同学嘲笑，不敢在上课期间举手上卫生间，等等。

无论孩子是出于什么原因而憋尿，都会对身体造成伤害。憋尿对孩子的危害是非常严重的：如果孩子经常憋尿，膀胱收缩功能就会降低，会出现尿急、尿频的现象。而且，尿液长时间滞留在膀胱内，容易引起膀胱炎、尿道炎、尿道感染等泌尿感染性疾病。

为了身体健康，为了能够轻松地学习和生活，女孩要充分认识憋尿的危害，采取一些有效的措施，避免给自己的身体造成伤害。

养成及时排尿的好习惯

虽然孩子能够自己控制大小便，但是由于中枢神经系统的功能还不够完善，再加上孩子贪玩，可能就会忘记排尿，时间久了，就会养成憋尿的毛病。所以，从孩子小时候开始，父母就要有意识地提醒他及时排尿。

对于年龄小的孩子，父母可以专门给他制订排尿的时间，让孩子在一段时间之后就要排尿一次。久而久之，孩子就会养成及时排尿的好习惯。

养成课间上卫生间的好习惯

要时刻提醒孩子，到了课间的时候，一定要先上卫生间，哪怕还没到想要排尿的时候，也应该到卫生间方便一下，避免在上课的时候出现尿急的情况。当孩子这样坚持一段时间之后，就会养成课间上卫生间的好习惯。

勇敢举起手告诉老师：我想上卫生间

很大一部分孩子都是因为"害怕被老师批评"而养成了憋尿的毛病。但无论如何，憋尿对身体健康都是不好的，所以，我们要鼓励孩子，如果在课堂上想上卫生间，要大胆地告诉老师，如果不好意思的话，可以向老师示意。

有的孩子可能会担心，如果老师不同意，我该怎么办呢？其实大可不要担心，如果真的憋不住了，就要大胆告诉老师，老师都会允许的。

不因害怕被同学笑话而憋尿

有的孩子会因为害怕被同学笑话而憋尿，其实，排尿是人的正常生理现象，没有什么难以启齿的，如果因憋尿而尿裤子，才真的会被同学嘲笑呢！

13 妈妈的化妆品我不玩

孩子因为年幼，没有判断能力，出于好奇心，可能拿什么东西都有吃的习惯，可能会误食化妆品而引起中毒。爱美的妈妈每天都会化妆，年幼的孩子都喜欢模仿。孩子涂了口红会对细嫩的皮肤产生刺激，导致过敏出现皮肤瘙痒、红肿等现象，且一不小心放入口中误食引起中毒。

儿童化妆品中毒最常见的就是误食，会出现恶心、呕吐、腹泻、腹痛、溶血、少尿或无尿、嗜睡、耳聋、昏迷、血压下降、脉搏加快、紧绀（高铁血红蛋白血症），严重者有肾功能衰竭及惊厥等症状。

儿童化妆品中毒该如何处理

1. 催吐是食物中毒最主要的紧急处理办法。进食后的 4~6 小时内进行催吐、洗胃为最佳时间。

2. 不主张对婴儿、昏迷者进行催吐。对年纪大的孩子在清醒的情况可进行催吐，用手指或筷子刺激孩子的咽后壁催吐，使胃内残留的食物尽快排出，防止毒素被进一步地吸收。

3. 催吐时保持前倾位，防止误吸，堵住气管造成窒息。

4. 催吐后，应立即就医，医生会根据不同的中毒情况进行针对性的治疗。

另外儿童化妆品中毒危害很大，所以发现孩子使用，应立即阻止，马上去医院治疗，因为孩子的皮肤嫩，建议父母不要私自治疗。

安全儿歌

化妆品的成分多，小朋友们不要摸，如果好奇脸上抹，皮肤痒痒不好过。

14 酒是不能乱喝的

有调查显示：86%的孩子都曾被大人逗着喝酒。这些"大人"中，既有孩子的爷爷、外公、伯父等亲戚，也有孩子父母的同事朋友，有的父母自己也让孩子喝酒。特别是在节日欢闹的时候，爱喝酒的大人总是很喜欢逗孩子喝酒，用筷子沾一些酒让孩子舔舔，对于年龄稍大一点的男孩沾酒也不会责怪，甚至刻意去鼓励其喝，美其名曰"从小培养酒量"。但其实孩子喝酒的危害远比大人想象得要大得多。

伤肝坏胃：酒精的刺激性对肝、胃伤害最大，孩子喝酒，会使肝功能受损，胃消化不良。

降低免疫力：孩子喝酒还会降低其自身的免疫力，使孩子容易得感冒、肺炎等疾病。

损害生殖系统：男孩喝酒，酒精会对发育期的睾丸有很大的损害，轻的使发育减缓，严重的会造成成年后的不育。

影响内分泌：对女孩来说，酒精也会影响性腺的发育，使内分泌紊乱，到青春期时，容易出现月经不调、经期水肿、痛经、头痛等现象。

智力下降：酒精会损伤大脑神经，导致儿童的智力下降，并且对大脑的伤害和影响是永久性的，不可逆转。

⑮ 高跟鞋不能乱穿

随着时代的发展，很多父母自认为穿高跟鞋能让孩子变得更美，因此，会选择给女孩穿高跟鞋。而且很多女孩懂事后都会偷偷地穿妈妈的高跟鞋，但是，孩子是不能穿高跟鞋的，因为孩子的足骨、脊柱、盆骨都没有发育成熟，高跟鞋产生的外力非常容易造成这些部位弯曲变形，一旦发病将影响终身。

容易形成习惯性的踝关节损伤

孩子的踝关节处于发育中，肌力薄弱，关节不稳，很容易跌倒或者崴脚，如果形成了穿高跟鞋的习惯，形成了习惯性的踝关节损伤，那么在孩子成年之后，她很难稳定地穿高跟鞋。

容易导致拇外翻或者平足

高跟鞋使人的重心前移，全身的重量会过多地集中在脚前掌上，会使指关节和拇指会因为负担过重而疲劳损伤，使脚的横下弓塌，造成拇外翻或者平足。长期穿高跟鞋不仅会使孩子脚的功能缺失，同时也会使孩子的脚变得难看，容易给孩子心理造成很大的伤害。

会增加骨盆压力

穿高跟鞋必然会使孩子的身体前倾，这样无形中就增加了盆骨的压力，盆骨两侧被迫内缩，造成盆骨入口狭窄。在生活中，有些父母会选择孩子穿坡跟鞋，他们认为这些的鞋子稳定还舒服，但这样是更加错误的做法。高跟鞋穿起来很累，很多孩子尝试一下就不敢穿了，但是坡跟鞋穿着时会带来舒服的假象，但是坡跟鞋的危害跟高跟鞋是一样的。如果发育中的女孩经常穿高跟鞋的话，婚后生育就可能面临困难。

影响多巴胺分泌

经常穿高跟鞋和不适合的鞋行走时，小腿部分长时间的肌肉紧绷，能够减少大脑内多巴胺的正常分泌。而多巴胺的分泌的少容易使人情绪出现思考困难、幻听等类似精神分裂的症状，使患上精神分裂症的概率增大。儿童的神经系统都在发育中，这种危害对孩子来说更是不言而喻。

第五章

遵守交规我最棒
——出行安全意识培养

安全文明出行，细节关乎生命。对成人来说，无论是开车，还是骑车，或是步行，缺乏安全意识会影响出行安全，甚至威胁生命。对孩子来说，安全出行的意识培养显得更为重要。

① 常见的交通规则及练习

　　由于孩子的年龄比较小，对即将到来的一些伤害可能会毫无防备，比如，交通事故。随着年龄的增长，孩子必须逐步提升安全意识。作为成年人，我们知道街上疾驰而过的汽车可能带来的危险，但是孩子对潜在的严重伤害甚至死亡却没有太多的概念，这就使得孩子更容易受到伤害。不管孩子是走在上学的路上，在马路附近玩耍，还是和朋友们一起骑自行车，都必须严格遵守交通规则。道路安全游戏可以让孩子在一个可控的环境中练习交通规则。

过马路

　　在真实的马路上练习过马路之前，可以先让孩子在没有车的道路上练习，也可以假设一条马路，室内户外都可以。在室内练习的话，可以用纸箱或是用胶带当作马路，在室外练习的话，可以用粉笔画一条马路。也可以做一些交通标志，设立交叉口等做更多的练习，让孩子在这个假设的马路上练习。

红绿灯

　　交通信号灯由红灯、绿灯、黄灯组成。红灯表示禁止通行，绿灯表示允许通行，黄灯表示警示——减速慢行停一停。可以把这三种颜色融合到日常活动中来加强孩子对这两种颜色的认识。分别剪出一个红色和一个绿色的圆，当想让孩子停止正在进行的活动时，举起红牌；当让孩子可以自由移动时，举起绿牌；让孩子停下来，再慢慢行走时，举起黄牌。

场景练习

为了保证孩子过马路或在马路边的安全，孩子需要学习正确的交通规则。下面这个游戏可以帮助孩子判断在马路边可能会犯的错误。画出孩子处于不同危险场景的图片，比如，没有在人行横道过马路，在停放的汽车之间奔跑，骑车时不遵守交通规则等，然后让孩子说出图片中存在的问题，这样不仅印象深刻，还能帮助孩子复习相应的道路安全规则。

道路安全指示牌

孩子可以自己设计强调道路安全的指示牌，鼓励年龄大一点的孩子画出图片，并且写出标语。这可以有效帮助孩子复习学过的道路安全规则。例如，图片可以是一个小孩在人行横道口等"走"的指示灯，也可以是一个小孩在两个停放的汽车之间跑，在上面画一条禁止线来告诉孩子不可以这样做。同时，父母可以把这些道路安全指示牌挂在孩子随时可以看得到的地方，时刻提醒孩子。

步行安全知识

①步行时，走人行道，靠右侧行走，没有人行道的，须靠路边行走。。

②横穿马路，要走人行横道。行走时，先看左侧车辆，后看右侧车辆。

③设有交通信号灯的人行横道，绿灯亮时，可以通行；红灯亮时，禁止通行。

④设有自助式交通信号灯的人行横道，要先按人行横道使用开关，等绿灯亮、机动车停驶后，再通过。红灯亮或显示"等待"信号时，禁止通过。

⑤设有过街天桥或地下通道的区域，不可横穿马路。

⑥无人行横道与通过设施的区域，横穿马路时，要在确认安全后，再通过。

⑦不在机动车道、非机动车道上打闹、猛跑。

⑧不跨越各种交通护栏、护网与隔离带。

⑨路面有雪或结冰时，需慢行，防止滑倒，造成摔伤。

⑩在上学路上、校园内，禁止穿暴走鞋与轮滑鞋。

⑪不在汽车临近时或车辆前后横穿马路，不在道路上扒车、追车、强行拦车或抛物击车。

⑫不在马路上追逐猛跑、嬉戏、打闹、游戏，不要边走路，边看书。

⑬夜间步行，要尽量选择穿戴浅颜色的衣帽和在有路灯的地方过马路。

交通安全儿歌

红绿灯

交叉路口红绿灯，指挥交通显神通；

绿灯亮了放心走，红灯亮了别抢行；

黄灯亮了要注意，人人遵守红绿灯。

上学校

小学生，起得早，交通小队排得好；
过马路，走横道，交通安全要记牢；
听指挥，别乱跑，平平安安到学校。

交通安全真重要

交通安全真重要，人民生活离不了；
保障安全有措施，交通法规要记牢；
大马路上车潮涌，警察指挥要服从；
红绿黄灯是命令，标志标线要看清。

交通规则要记牢

小朋友，你别跑，站稳脚步把灯瞧；
红灯停，绿灯行，黄灯请你准备好；
过路应走斑马线，交通规则要记牢。

交通安全儿歌

小朋友们要记牢，交通安全数第一；
安全法规心中记，出门在外不大意；
横过马路要注意，红黄绿灯要看清；
左右看看无车行，快步通过是要领；
交警叔叔真辛苦，为保安全多忙碌；
风雨无阻指挥中，无私奉献保安全。

2 不在马路上追逐打闹

我国每年因交通事故造成中小学生及学前儿童伤亡人数超过万人，从交通方式看，儿童在步行时发生交通事故导致死亡的人数占儿童交通事故死亡总数的 45%，其中一部分是由儿童打闹造成。

很多儿童在走路时，很不"规矩"，主要表现在过马路时，不走人行横道，随意性较大，有时甚至横穿马路；乱闯红灯，不按照交通信号灯的指示走路；在马路上追逐嬉戏，全然不顾身边疾驰的机动车等。

放学后，孩子结伴回家或出去玩的机会增多。贪玩是孩子的天性，但孩子缺乏安全意识，不懂交通规则，因此嬉戏追逐打闹难免发生，而一旦这种情况上了马路，就特别危险。

如果孩子在路上追逐打闹，父母一定要阻止，并告诉孩子在路上打闹的危害。教育孩子在路上绝对不可以你追我赶，甚至在马路上玩游戏。父母还要提醒孩子，如果看到对面有同学正在横穿马路，千万不要叫他的名字，因为他很有可能因为突然听到名字而分散注意力，忘记自己正在横穿马路，这样更危险。

有关数据显示，每 10 起儿童道路交通伤害中，就有 4 起受害者是儿童步行者。儿童步行者发生道路交通伤害多集中在 6 至 8 月，也就是说，暑假是发生孩子交通意外伤害的高峰期，原因多是孩子在马路上嬉戏或追逐所致。孩子在马路打闹，极容易被疾行的电动车甚至机动车撞伤。同时，一些孩子在过马路时，提前观察的意识较差，也容易引发安全问题。

很多孩子会说，走路有什么常识可言，人自从出生蹒跚学步时就会走路。其实不然，走路有很多学问和常识，必须要充分加以了解和运用，才能够有效地保护自己。

第一，要树立交通安全意识

外出走路，随时都会遇到威胁自己生命安全的复杂情况，因此要集中注意力，不要撞着别人，也要防止别人撞着你，做到安全行路。走路时，不可低头看书、看手机；遇风、雪、雨或烈日天气，不要用衣物、雨具挡住行走视线；遇大风天气，刮起灰尘，不要突然横过马路；冰雪天气，不要在马路堆雪人、滚雪球、打雪仗、滑冰等；不要在马路上滑旱冰、做游戏、追逐打闹等。上述不良行为极易引发交通事故。

第二，要规范自己的走路行为

在城市街道，走路必须走人行道；在农村公路，须靠路边行走。横过街道，必须走人行横道、过街天桥或地下通道。这样可以避免与车辆发生碰撞。

第三，要有良好的走路心态

在城市里横过街道确实叫人胆战心惊，南来北往的各种车辆往往叫人进退两难。这时不要慌张，做到"宁停三分钟、不抢一秒"。过马路时，要先左看看，右看看，待无来往车辆时再通过。切忌过马路时，犹豫不决，不要停停走走、跑向路中又回头或者盲目突然横穿，要保持良好的心态。

大多数孩子的自我保护意识较差，父母、学校都有责任培养孩子的交通安全意识。在生活和学习中，让孩子认识和了解各种交通标志，传授交通安全常识。与孩子一起出行时，带头遵守交通安全法律法规，做到言传身教。引导孩子在过马路时，选择人行横道、过街天桥或是地下通道，按照信号灯指示通过马路。不要随意横穿马路，也不要跨越街上的护栏和隔离墩。年龄较小的孩子过马路时，应该由成人带领。告诉孩子，上学放学时应在人行道上行走，不可多人横排行走，不能在马路上互相推搡打闹，走路时不要埋头看书或玩玩具。

③ 不能骑儿童自行车上路

《非机动车通行规定》中的相关规定：在道路上，驾驶自行车、三轮车必须年满 12 周岁。

孩子的自控能力比较差，驾驶自行车上路是很危险的，特别是大城市里车流量大，人口密集，在没有家人的看护和陪同下其危险性更大，一旦发生事故，后果不堪设想。为了确保安全，即使孩子已满 12 周岁，也不建议孩子独自骑自行车上路。为了家庭的完整和幸福，避免悲剧的发生，父母应尽到监管和看护的责任，不可以掉以轻心。

儿童自行车指适合 4 ~ 8 岁儿童骑行，最大鞍座高度435 ~ 635 毫米，凭借作用于后轮的驱动机构骑行的自行车，有带或不带平衡轮的各种轮径、各种款式。儿童自行车不能用于公路骑行。

儿童自行车的常见危险

儿童跌落风险。儿童骑车时，若未穿戴安全防护护具，一旦发生意外从车体跌落，容易受伤；如果儿童乘骑型号过大的自行车，或者骑行时突遇紧急情况需要刹车时，不能握紧手闸或刹车系统失效，以致与他人或物体相撞，容易跌落受伤；如果平衡轮变形坍塌起不到平衡效果，儿童在骑行过程中，容易因为车体失去平衡而跌落受伤。

儿童夹伤风险。儿童在骑行半链罩自行车时，意外地将手或脚等部位卡进链条或飞轮中，会导致夹伤。

预防建议

①科学选购、安全使用童车。

要根据儿童的年龄段和成长阶段需求，选购不同种类的童车。尽量选购功能单一的童车产品，拒绝购买无 3C 标志的童车。同时，关注国家质检总局发布的产品召回信息及消费预警信息，及时远离存在安全隐患的童车产品。

要关注童车车体上的零部件安全，有无易脱落的小零件、锐利边缘或尖端、易夹住儿童身体部位的间隙；折叠及锁定装置是否有效、牢靠；刹车（制动装置）是否有效；危险部件有无防护。此外，还要关注童车部件的安全距离、童车的行进速度和稳定性能，以及童车上悬挂或附带的小玩具的安全状况。

儿童自行车只能作为孩子户外活动的一种

玩具，不能当作交通工具在公路上骑行，也不要在人多的公共场所乘骑儿童自行车。

②低龄儿童应选"全链罩儿童自行车"。

消费者在选购儿童自行车时，需要根据儿童的年龄和体重，选用高度、轮径大小适当的儿童自行车。低幼儿童应乘骑全链罩儿童自行车，以防儿童将手脚伸入其中受到伤害。同时，低幼儿童乘骑儿童自行车时，应使用辅助平衡轮，同时帮助儿童在骑行中掌握平衡，起到保护作用。

③骑车应佩戴安全护具。

为儿童穿戴安全防护护具，比如，安全头盔、护肘、护膝等。

④骑行前要进行检查，骑行中监护人不能离开。

骑行前要进行检查。仔细检查前后轮轴的螺母是否锁紧，车架结构是否有损坏，车架连接处的铆钉等有无松动，刹车系统是否有效，车把的把套是否移动，是否存在尖端、毛刺、锐边、突出物等。

自行组装的儿童自行车应根据生产厂商使用说明中的提示进行组装，并且组装后进行全面检查和调整，特别关注各类紧固件的牢固性、鞍座的高度、车闸的尺寸调整等。

儿童乘骑自行车时，看护人不得离开，必须实时监护。另外，儿童自行车由儿童独立操控，且速度较快，儿童乘骑儿童自行车前，监护人应进行安全认知教育，包括对车辆功能、车辆方向、刹车系统、危险识别、不能去的场地等，进行基本的、儿童能理解和认知的安全意识培训。

4 文明乘坐公交车

公交车是我们常见的交通工具，乘坐公交车要讲文明，注意个人行为，这样大家才能拥有一个好的公共环境。

文明乘车十准则

①有秩序的排队上车，在有效彰显城市文明的同时也能提高乘车速度。乘坐公交车必须在站亭或指定的地点依次候车，等车靠边停稳后，依秩序上下，不要在公交站以外的其他地方等候及拦车。

②不要在公交车上乱刻乱画或损毁公交设施，要给自己和他人提供一个良好的公交环境。不要把汽油、爆竹等易燃易爆的危险品带上车，易燃易爆物品容易在挤压、碰撞或车辆振动过程中引起燃烧或爆炸，严重危及大家的生命财产安全。

③在公交车上将垃圾丢进车内的垃圾桶，保持舒适干净的乘车环境。

④主动给老弱病残孕以及抱小孩的乘客让座。

⑤快到车站时，应提前移步到车门附近，做好下车准备。

⑥上车后尽量往后门走，方便自己下车和他人上车。不要在车未完全停稳时下车，下车时，应注意观察道路的来往车辆。

⑦注意良好的乘车姿势，方便自己和他人。在车厢内抓好扶手，不打瞌睡，因为汽车在行驶中起步、刹车、加减速十分频繁，极易发生意外。

⑧不要将头、手伸出窗外，以免受到伤害。不要向车窗外乱扔杂物，以免伤及他人，污染环境。

⑨上车后不吃带有果壳的食物，不吐痰，不乱扔杂物。咳嗽时应用手帕或纸巾遮住口鼻，感冒者应戴口罩。

⑩尊重和理解驾乘人员，不要影响驾驶员的情绪和注意力，确保行车安全。

十大不文明乘车行为

① 一窝蜂挤上车　　⑥ 放音乐太大声

② 扔垃圾乱涂鸦　　⑦ 吃东西味太大

③ 太懒了不移动　　⑧ 湿雨伞占座位

④ 装糊涂不让座　　⑨ 站门口不下车

⑤ 抠鼻子没形象　　⑩ 不顾忌秀恩爱

5 坚决不坐超载校车

校车，是指依照《校车安全管理条例》取得使用许可，用于接送接受义务教育的学生上下学的 7 座以上的载客汽车。接送学生的校车应当是按照专用校车国家标准设计和制造的学生专用校车。

校车超载、超速最大的隐患是发生交通事故，给学生造成身体伤害，校车载人应不得超过核定的人数，不得以任何理由超员。学校和校车服务提供者不得要求校车驾驶人超员、超速驾驶校车。载有学生的校车在高速公路上行驶的最高时速不得超过80公里，在其他道路上行驶的最高时速不得超过 60 公里。载有学生的校车在急弯、陡坡、窄路、窄桥以及冰雪、泥泞的道路上行驶，或者遇有雾、雨、雪、沙尘、冰雹等低能见度气象条件时，最高时速不得超过 20 公里。

相关条例规定，交通警察对违反道路交通安全法律法规的校车，可以在消除违法行为的前提下先予放行，待校车完成接送学生任务后再对校车驾驶人进行处罚。公安机关交通管理部门应当加强对校车运行情况的监督检查，依法查处校车道路交通安全违法行为，定期将校车驾驶人的道路交通安全违法行为和交通事故信息抄送其所属单位和教育行政部门。

校车超载、超速的危害

校车超载容易引发道路交通事故，当车辆长期处于超负荷状态，会导致车辆的制动和操作等安全性能迅速下降，表现为轮胎变形爆胎、刹车失灵、转向器轻飘抖动、钢板弹簧折断、半轴断裂等。

校车超载会超出汽车承重横梁等零件的最大承受压强，导致破损酿成事故。

校车超载会超出汽车轮胎的最大承受压强，易发生爆胎。

校车超载会让车辆的质量增大、惯性增大，刹车的安全距离相应增长，这个时候如根据正常的情况做出判断就比较容易出事。

校车严重超载，遇见紧急情况也很难短时间刹住车。

校车超载、超速使驾驶人视野变窄，对速度、路况的判断力减弱，造成注意力转移困难。

校车超载严重破坏公路设施，增加公路维护费用，缩短公路使用寿命。

乘坐校车注意事项

小朋友上下校车时，应先等校车停稳。如果车子还没停稳，大家都去拦车的话，反而会让司机措手不及。上下校车时要有序，不要拥挤，如果不小心被其他人挤倒，很可能发生踩踏事故。所以，大家一定要记住，有序上下车，不要争抢。

校车行驶时，不要离开自己的座位，否则遇到急刹车时，有可能会摔倒甚至被甩出去。校车在行驶过程中严禁打闹，在拐弯、刹车的情况下，惯性非常大，要坐稳、扶好，避免发生意外伤害。小朋友切记要系好安全带。

6 安全乘坐私家车

全国每年都有不少孩子因为私家车事故而丧生或致残的事件发生，且数字惊人。可见，孩子坐私家车也存在很大的安全隐患，这就需要父母时刻警惕，安全工作一定要做好。

建议安装质量可靠的儿童安全座椅，或者尽可能少坐车。即使安装了安全座椅，也不能放松安全意识。安全座椅的安装位置最好是驾驶员后面座位，并且根据孩子的年龄更换安装方式（面朝前，还是朝后）以及安全座椅的大小。

很多上幼儿园的孩子，父母会要求孩子独立上下车，其实这种做法不可取，原因是孩子的力气有限，车门的闭合和开关有一定惯性，很容易夹到孩子的手，而且孩子不会看后视镜，不能及时判断路况。

不能让孩子单独在车里玩耍。父母不能因为一时疏忽（比如，下车接电话）而把孩子忘在车内，现实中这样的例子不胜枚举。

不要打开天窗或者是窗户，让孩子向外探头看风景，这样危险重重。孩子在车子行进的时候，不要吃东西或者喝水，这是为了确保遇到紧急刹车时孩子的安全。

车内不要放装饰品，尤其是在挡风玻璃和后视镜挂装饰物，一旦车祸发生，这些都是伤人的利器！父母还要告诉孩子，父母在开车的时候，不要和父母聊天，免得父母分神。

了解汽车灯语的含义

明白汽车灯光信号所代表的含义，可以让孩子在看到汽车前进行驶、停止、倒车、左右转弯、紧急停靠等信号时，能了解汽车的行驶状态，保证自己的安全。

7 不把停车场当游乐场玩耍

大家都知道带孩子过马路要注意避让车辆，但是还有一个容易出事故的地方往往会被忽略，那就是停车场！有些父母认为，停车场里的车速度都比较慢，而且孩子就在眼前，不会出什么事，但是孩子在停车场被撞的事故还是频繁发生。所以，停车场还是暗藏危机的，带孩子经过停车场时，一定要注意安全。

不在停车场及进出口玩耍

在停车场里，汽车看似没有动，其实里面很有可能有人正在发动汽车；有些汽车看似行驶缓慢，但是由于汽车存在盲区，司机很难第一时间发现在汽车周围玩耍的孩子！所以，孩子一定不能在停车场玩耍！

另外，夏天到了，有些父母贪凉快，会带孩子在地下停车场的进出口附近玩耍，其实这样是很危险的！汽车从停车场上坡驶出的时候，速度往往比较快，孩子自己如果在出口处玩耍，被撞到的可能性很大。所以停车场的进出口也是禁止玩耍的！

在停车场要注意观察汽车

孩子可能会认为，只要我能看到汽车，司机也能看到我。但因为汽车四周是不透明的，司机只能透过玻璃看到外部，那只是很小的视野范围，沿着汽车周围一圈几乎都是盲区范围，所以司机很难在车上看到矮小或蹲着的孩子。所以，如果孩子在停车场走动时，要让孩子主动观察周围的汽车，如果周围车内司机准备发动汽车，应立即远离。

在停车场要牵住父母的手

在停车场，孩子一定要牵住父母的手。如果有两个孩子或者推着一个购物车时，可以先把孩子抱到购物车上。总之，父母一定要保证牵住孩子的手，并且尽快让孩子进入车内，减少在车外停留的时间。

停车场里要保持步行

进入停车场后，一切嬉笑打闹都要禁止，更不可以在停车场里追逐奔跑，记住一定要保持步行，因为在停车场中奔跑是非常不安全的！父母可以在下车前告诉孩子："我们现在要下车了，你下车时，手要拉住我的手，我们慢慢走，谁也不许跑。"

8 交通事故逃生常识

车祸发生时，驾驶员应沉着冷静，保持清醒的头脑，千万不要惊惶失措。驾驶员要迅速辨明情况，按照"先救人、后顾车；先断电路，后断油路"的原则，把事故损失降到最低程度。

车辆迎面相撞的逃生方法

当车辆迎面碰撞时，两脚踏直身体后倾。一旦发生事故，当迎面碰撞的主要方位不在司机一侧时，司机应紧握方向盘，两腿向前伸直，身体后倾，保持身体平衡。如果迎面碰撞的主要方位在临近驾驶员座位或者撞击力度大时，驾驶员应迅速躲离方向盘，将两脚抬起，以免受到挤压而受伤。在撞车事故中，巨大的撞击力常常对人造成重大伤害。为此，搭乘人员应紧握扶手或靠背，同时双脚稍微弯曲用力向前蹬，使撞击力尽量消耗在自己的手腕和腿弯之间，减缓身体前冲的速度和力量。

在公路上发生车祸时，要注意保护好现场，及时救护伤员，尽快报警，争取得到交警的帮助，防止造成交通堵塞。在车祸中，如果人的头颅、胸部和腹部受到撞击或挤压，应及时到医院诊治，千万不可掉以轻心，不要执意回家，防止内出血突然加剧而导致死亡。

车辆意外失火的逃生方法

　　行车途中汽车突然起火，驾驶员应立即熄火，组织车内人员迅速离开车体。若因车辆碰撞变形、车门无法打开时，可从前后挡风玻璃或车窗处脱身。

翻车后的逃生方法

与障碍物撞击，导致汽车翻车，应采取正确的逃生方法。

①熄火：这是最首要的操作。

②调整身体：不急于解开安全带，应先调整身姿。具体操作是：双手先撑住车顶，双脚蹬住车的两边，确定身体固定，一手解开安全带，慢慢把身子放下来，转身打开车门。

③观察：确定车外没有危险后再逃出车门，避免汽车停在危险地带，或被旁边疾驰的车辆撞伤。

④逃生先后：如果前排乘坐了两个人，应副驾人员先出，因为副驾位置没有方向盘，空间较大，易逃出。

⑤敲碎车窗：如果车门因变形或其他原因无法打开，应考虑从车窗逃生。如果车窗是封闭状态，应尽快敲碎玻璃。由于前挡风玻璃的构造是双层玻璃间含有树脂，不易敲碎，而前后车窗则是网状构造的强化玻璃，即敲碎一点，整块玻璃就全碎，因此应使用专业锤在车窗玻璃一角的位置敲打。

汽车入水后的逃生方法

①汽车入水过程中，由于车头较沉，所以应尽量从车后座逃生。

②如果车门不能打开，手摇的机械式车窗可摇下后，从车窗逃生。

③对于目前多数电动式车窗，如果入水后车窗与车门都无法打开，这时要保持头脑冷静，将面部尽量贴近车顶上部，以保证足够空气，等待水从车的缝隙中慢慢涌入，车内外的水压保持平衡后，即可打开车门逃生。

第六章

危急时刻我有招
——危机意识培养

如今，孩子在父母的精心呵护下成长，生活环境安逸且纯净。但社会环境错综复杂，若孩子没有危机意识，当危险发生时，孩子便无法及时作出应对，犯罪分子将轻而易举地得手。因此，父母要提前给孩子进行安全教育，培养孩子的危机意识，以便孩子在危急时刻进行自救。

1 走丢了怎么找到爸爸妈妈呢

如果走丢了，孩子第一时间要做什么？可以求助什么人？该如何向陌生人求助呢？

很多时候，除了坏人处心积虑要拐带孩子，最可能的情况是，在公共场所，在人群中，孩子玩得忘了形，父母稍不注意，孩子就不知道跑哪里去了。孩子回头找父母，又不知道从哪里找起。这种情况发生的可能性很大，作为父母，应提前教孩子如何做。

第一，走丢了，找不到父母的时候，首先不要哭，不要慌，要冷静。只有保持冷静，才能更好地思考接下来该怎么办。

第二，待在原地别动，父母会来找我的。可以的话，在原地找一个比较高、比较显眼的地方，站到上面，方便父母一眼看到孩子。千万不能走到外面（马路上，走出原来的界限外），在商场走丢就待在商场里，在公园走丢就待在公园，在游乐场走丢就在游乐场里，千万不要到处走去盲目地找父母。

第三，请求身边看起来可靠的人帮忙或报警。例如：警察、商场的售货员、保安等穿着制服的人；游乐场售票员以及穿戴整齐整洁的叔叔阿姨、带小孩的父母等。

第四，告知帮忙的人你父母的名字和自己的名字。平时让孩

子熟记自己的名字，家庭住址，幼儿园名称，父母的名字、电话、工作单位等关键信息，是很有必要的。

针对3岁以下的孩子，一定要固定叫一个名字。父母平时叫孩子"宝贝、小宝"等，一旦孩子离开视线，而大喊孩子的全名，孩子可能还不知道喊的是自己。

平时在家，父母可以不断问孩子"爸爸叫什么，妈妈叫什么，你叫什么"，答对了就给予鼓励，不断重复，两岁孩子一般都能记住。

父母要在孩子身上预留身份信息。很多人遇到找不到父母的孩子，第一时间都会问，你叫什么名字，你家住哪里，爸爸妈妈电话你记得吗？能够获取更多的信息，就有可能更快的帮助孩子找到家人。但是，一般这个时候，孩子会被巨大的恐惧吓得什么都说不出来。给孩子身上留名牌，写上父母的电话，是最好的办法。但一般很少有人这么做，孩子身上什么线索都没有，孩子也回答不出自己的基本信息。

另外一定要告诉孩子，走丢后要请大人帮报警，不仅仅是帮忙找妈妈。如果遇到坏人，坏人会假借带孩子找妈妈的理由，带着孩子离开，这是很危险的。教会孩子留个心眼，如果请求帮助的大人，没有帮忙报警，这个人有可能是坏人，必须另想办法，千万不能跟陌生人走。

② 意外落水我不慌，牢记自救方法

儿童溺水的事情时常都会发生，父母在平时就应该教一下孩子在遇到溺水的时候应该如何自救，这样就有可能减少意外落水对生命的威胁。

溺水时的自救方法

①不要慌张，发现周围有人时，立即呼救。当救援者出现时，不要匆忙乱抓乱拽救援者的身体，一定要听从对方的指挥，一起协力脱离困境。

②溺水时尽量用嘴吸气、用鼻呼气，不要大口用嘴呼吸，否则可能导致水呛入喉部。呼吸时，吸气要深，呼气要浅。因为深吸气时，人体的比重比水略轻，可以浮出水面；在呼气时，人体的比重比水略重，可以沉入水中。

③放松全身，让身体漂浮在水面上，将头部浮出水面，用脚踢水，防止体力丧失，等待救援。溺水时，最重要的就是保持冷静和镇定，放松身体。如果惊慌失措，胡乱在水里扑腾，一方面会造成周身肌肉的紧张，使得体力过早耗尽而无法自救。另一方面如果是在海里或是河里可能会缠绕上水草，使情况更为棘手。

④身体下沉时，可将手掌向下压。

⑤如果在水中突然抽筋，又无法靠岸时，立即求救。

⑥如果周围没有人，可深吸一口气潜入水中，伸直抽筋的那条腿，用手将脚趾向上扳，以解除抽筋。

⑦如果在海里或是河里游泳，溺水时如果不慎被水草缠上，要保持冷静，不要乱扑腾，否则会越难以解开水草的缠绕。可深吸一口气潜入水下，将缠在腿脚上的水草解开，然后循来路退回，不可继续深入。

发现有人溺水时的救护方法

①不能贸然下水营救，应立即大声呼救或拨打110报警。

②体力允许的情况下，可将救生圈、竹竿、木板等物抛给溺水者，再将其拖至岸边。

孩子在遇到溺水的时候，一定要更加冷静才能自救，越是着急就越解决不了事情。清楚溺水自救方法，有条件的话，可以在父母的陪同下演练，这样就更加有保障。

预防溺水的措施

①不要去陌生的地方游泳。

②小学生应在成人带领下游泳，学会游泳。不管水性好不好，最好都带上救生圈、浮板、救生衣等安全装备，这样在最大程度上保障了安全。

③不要独自在河边、池塘边玩耍。

④不去非游泳区游泳。

⑤不会游泳者，不要游到深水区，即使带着救生圈也不安全。

⑥游泳前，要做适当的热身运动，以防抽筋。

⑦天气恶劣的情况不宜游泳。如果遇到天气恶劣的情况，也是不能下水游泳的，比如，雷雨、刮风、天气突变等情况下，那样发生溺水的概率会很大。

⑧下水时，切勿太饿、太饱。饭后1小时，才能下水，以防抽筋；下水前试试水温，若水太冷，就不要下水，游泳前先在四肢撩些水，然后再跳入水中。不要立刻跳入水中。

③ 被困在电梯里，该怎么办

电梯在我们的日常生活和工作中已经变得随处可见，很多人每天需要多次乘坐电梯，而电梯故障困人事件也时有发生。那么，被困电梯时该怎么做呢？

首先要与外界联系

遇到电梯故障，必须保持冷静，不要慌张，第一时间寻找电梯里面的应急灯，若没有应急灯，要迅速按下警铃，拨打应急电话，和电梯值班室或电梯维修人员取得联系。如果此方法行不通，我们要大声呼救，若电梯外面有人，听到求救信号时，就会有人报警救你出去。大声呼救也没人回应的情况下，我们还可以选择拿身上的硬物来敲响电梯，比如，手机、高跟鞋等，发出声响引人注意。

千万别用手去扒电梯门

用手去扒电梯门，存在一定的危险，在关门最后行程一定的范围内，自动开门装置会失效。手强制伸进去，极有可能把手夹伤。需要提醒的是：电梯门的自动开门装置分两种，一个是光幕式的，一个是机器出板式的，并非所有的位置都有感应。

如果电梯停在两个楼层中间，千万不要试图爬出去。有媒体曾经做过这样一个实验：模拟电梯在运行过程中突然停运，此时扒开电梯门，可以看到，电梯轿厢并未与外地面平行，将假人模特推出轿厢进行逃生，发现由于空间狭小，模特倒着出去直接下坠到电梯井。一旦逃生过程中，电梯再次启动，后果更加不堪设想。

电梯一般不会自由落体到地面

紧急情况下，电梯会启动自动安全装置，而此时电梯就会进入紧急刹车的状态。电梯有限速器和安全钳，这也就是为什么在一些电梯事故里，很少看到电梯直接坠落到地面。所以，即使遇到电梯异常下降的情况，也不必过于惊慌。站到电梯把手处，用自己的双手紧握把手，固定好身体，防止在电梯震动时因没站稳而受伤。

记住急救口诀

电梯突停莫害怕，　　　层层按键快按下；
电话急救门拍打，　　　头背紧贴电梯壁；
配合救援要听话，　　　手抱脖颈半蹲下。

改掉坏习惯

孩子在乘坐电梯时，一定改掉这些坏习惯：

◎电梯门正在关闭时，用手、脚等阻止关门；

◎反复按按钮或者每层都按；

◎在电梯使用明火；

◎电梯门没开就用手扒门；

◎在电梯里打闹、跳动；

◎在扶梯上逆行、攀爬；

◎坐在推车、购物车中乘扶梯；

◎扶梯停止运行期间当楼梯使用；

◎在扶梯进出口处长时间逗留；

◎乘坐电梯时，一直低头玩手机。

④ 燃气泄漏怎么办

虽然天然气不含有一氧化碳，但使用不当的话，仍可引发火灾和爆燃事故。天然气与液化气均属易燃易爆气体，少量泄漏在空气中形成较低的浓度，不会引起着火、爆燃事故。但是如果缺乏监控，气体泄漏量较大或慢慢地积累，当空气中可燃性气体达到一定的浓度时，遇明火就会发生火灾或爆炸。

发现天然气泄漏后，不要紧张，要保持镇定，屏住呼吸，立即关闭燃具开关、关表前阀。人体吸入过多的天然气有可能会中毒。

为了防止室内天然气继续泄漏，还立即关闭室内天然气的总阀门。同时打开门窗，让室内天然气尽快散发出去，不要在室内打电话，按门铃，按压开关，不要按压插座、插头，打开和关闭任何电器，比如，电灯、排气扇、抽油烟机、空调、电闸、有线与无线电话、门铃、冰箱等，因为无论多小的电流都有可能会引起静电火花，发生爆炸事故。

发现天然气泄漏后，不要在室内使用打火机、火柴，不要在室内吸烟。因为天然气的燃点很低，当室内天然气的浓度达到一定程度时，即使很小的火星也有可能会引起爆炸事故。

为了减少天然气泄漏事故的发生，每年应定期对天然气管道进行检查，一旦发现有漏气现象，要及时维修，及时更换零部件。天然气胶管的使用期限一般为两年，为了保证安全，每隔两年要更换一次。如果家中条件允许，可以购买一些检测天然气泄漏的仪器。把检测仪放在家中，当天然气出现泄漏时，检测仪会发出报警声，以便及时找出天然气泄漏的原因，及时采取措施。

使用天然气或液化气的家庭，平时做饭时要注意安全，做饭菜后，首先关闭炉灶上面的天然气灶开关，然后再关闭天然气管道开关。如果发现天然气阀门过松，要及时找相关人员处理。

⑤ 房子着火了，该怎么跑出去

火灾逃生的基本要求是沉着冷静，充分利用建筑内的各种消防设施，遵循正确的逃生路线，运用有效的逃生或避难方法。正确的逃生方法是在听到火灾警报或"着火啦"的喊声后，不要迟疑，立即起床、穿衣或拿好衣服、钱物，关闭电源，跑出房间，关好门后进入走道，奔向楼梯间向下层疏散。如有广播，应仔细倾听，遵循广播指引的疏散路线和注意事项。当无广播或无人员指引疏散时，首先应选择距离近且直通楼外地面的安全通道疏散，以便能快速逃出着火建筑物。如果打开房门发现走廊或楼梯间有烟气流动时，最好返回洗漱间将衣服、毛巾淋水浸湿，掩住口鼻，以低姿势循安全通道逃生。除了正常的疏散通道外，一、二层的门、窗、阳台等处也是大可利用的安全出口。

当楼梯口或下行通道被烟火封锁时，首先要弄清烟火弥漫的程度和必须通过的距离。如果必须通过的烟火区距离很短，火势，一冲即可通过时，则应在淋湿衣服、掩好口鼻的个人防护下，毫不迟疑，闯过去。也可利用楼内消火栓，用喷雾水流掩护人流快速通过。

当着火层、着火层的上部各层和以下各层都必须共用一个安全疏散通道时，则应首先让着火层的人员先行撤离，次之为着火层以上各层，最后为着火层以下各层。因为烟火向上部发展蔓延最快，上部首先受到火势威胁。因此，当上层着火时，其下层人员不必惊慌，不应与上层逃生人流争抢通道。

当确认正常的安全疏散通道已被烟火牢牢封死时。可利用楼内的其他安全设施，如紧急疏散通道、室外楼梯等设施，尽量向地面疏散。

当确认无法到达地面时，则应以寻找临时避难场所，等待消防救援为主要行动方向，如进入避难层、避难间、防烟前室、防烟楼梯间，撤退至楼顶平台的上风处，进入未着火的防火分区或防烟分区之内等处，求得暂时性的自我保护。

当确认走道已被烟火封死（用手先摸房门，如果烫手则说明门外已有烟火），无法开门冲出房门时，首先应紧闭房门，封堵烟火侵入。然后避至阳台，若无阳台，可将窗帘、床单、被单等撕开制成绳索，最好用水打湿，牢固系于暖气管、窗框等部位，从窗口顺绳沿墙滑下，并借助枕头或靠垫之类物品，以便"软着陆"。如果所住楼层较高，则应依上述方法逐层下滑，直到达到较为安全层，再从安全通道逃至地面。因为相对着火层及以上的各层而言，着火层以下各层都还是相对安全的。也可利用安全绳、缓降器等工具逐层滑降。

总之，火场自我逃生，要根据火势发展情况、楼内环境和消防设施情况，灵活采取逃生行动。尤其要重视借助排烟系统、通风系统、通信系统、防火分隔设施、安全疏散指示和避难设施等，为自我逃生创造有利条件。值得注意的是，对于未能逃离火场的

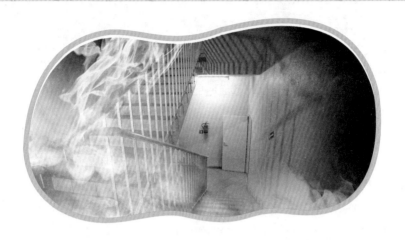

人员，要选择阳台、平台、窗口、外墙的突出部位等容易被人发现和能够避开烟火侵害的位置，以及消防队便于救助的位置进行暂避和等待，以喊话、招手、打开手电筒等方式吸引消防队人员。

逃生中可采取的自我保护措施

学会逃生中自我保护的基本方法，有利于提高自我逃生的安全性。如果在逃生中因中毒、撞伤等原因对身体造成伤害，不但影响逃生行动，还有遗留后患甚至危及生命的危险。

火场的烟气具有较高的温度，所以安全通道上方的有毒气体浓度大于下部，尤其贴近地面处最低。疏散中穿过烟气弥漫区域时以低姿行进为好，比如，弯腰、蹲姿、爬姿等。剧烈的运动可增大肺活量，当采取猛跑方式通过烟雾区时，不但会增大烟气等毒性气体的吸入量，而且容易发生由于视线不清所致的碰撞、跌倒等事故。

当必须通过烟火封锁区域时，应用水将全身淋湿，用湿布、衣服、湿毛巾或手帕掩住口鼻或在喷雾水枪掩护下迅速穿过。

自我逃生时乱跑乱窜、大喊大叫，不但会消耗大量体力，吸入更多的烟气，还会妨碍其他人正常疏散，诱导发生混乱。尤其是前呼后拥的混乱状态出现时，决不能贸然加入，这是逃生过程中的大忌，也是扩大伤亡的重要原因。此时，宜另辟蹊径或选择其他方式进行逃生。

床下、桌下、洗漱间和无任何消防设施保护的走廊、楼梯间、电梯间等，均不能作为避难场所，即使暂时看不到火焰，烟气的熏蒸也可使人昏迷致死。跳楼、木然不动、消极等待是火灾中绝对禁止的行为。

另外，在逃生过程中及时关闭防火门、防火卷帘门等防火分隔物，启动排风和排烟系统，都极有利于逃生疏散，应充分利用。

需要注意的是，在烟气弥漫、能见度极差的环境中逃生疏散，应低姿、细心搜寻安全疏散指示标志和安全门的闪光标志，按其指引的方向稳妥前进，切忌只顾低头乱跑或盲目跟随他人。起火时切记不可乘坐电梯逃生，因为电梯井直通大楼各层，烟、热、火容易涌入，烟与火的毒性或熏烤可危及生命，而且在高温环境下，电梯会失控甚至变形，乘客被困在里面，生命安全得不到保证。

在火场逃生时，身上着火怎么办

如果身上着了火，千万不能奔跑！因为奔跑时，着火的衣服得到充足的空气就像给炉子扇风一样，火会越烧越旺。着火的人一旦乱跑，还会把火带到其他场所，引发新的燃烧点。

身上着火，一般总是先烧着衣服、帽子，所以，最重要的是先设法把衣帽脱掉或把衣服撕碎扔掉。脱去了衣帽，身上的火也就灭了。

如果来不及脱衣，可卧倒在地上打滚，把身上的火苗压熄。倘若有其他人在场，可用湿麻袋、毯子等把身上着火的人包裹起来，或者往着火人身上浇水，也可帮助将燃烧的衣服脱下或撕下。

切忌用灭火器直接向着火人身上喷射，以免扩大伤势。

如果身上火势较大，来不及脱衣服，旁边又没有其他人协助灭火，则可以跳入附近的池塘、小河中，把身上的火熄灭。虽然这样可以尽快灭火，但对后期的治疗不利。

6 常见避险常识

台风

台风、飓风都是热带气旋。根据世界气象组织的定义，中心风力一般达到 12 级以上、风速达到每秒 32.7 米的热带气旋均可称为台风或飓风。区别在于，发生在西北太平洋及南海上的热带气旋是台风，而发生在东北太平洋和大西洋上的称之为飓风。另外，发生在印度洋上的、中心风力 12 级以上的热带气旋称之为旋风。

应急要点

①尽量不要外出，如果在外面，则不要在临时建筑物、广告牌、铁塔、大树等附近避风避雨。

②千万不要沿着围墙、边坡行走，因为下雨天会使得边坡围墙水分饱和，从而引发垮塌事故。再加上台风助力，很容易倒塌。

③如果在帐篷里，则应立即收起帐篷，到坚固结实的房屋中避风。

④如果在水面上（比如，游泳），则应立即上岸避风避雨。

⑤如果在房屋里，则应小心关好窗户，在窗玻璃上用胶布贴成"米"字图形，以防窗玻璃破碎。

⑥如台风加上打雷，则要采取防雷措施。出现雷暴天气的时候，千万不要在空旷地、水池边行走，谨防雷击。

⑦台风过后需要注意环境卫生，注意食物、水的安全。

⑧不要到台风经过的地区旅游或到海滩游泳，更不要乘船出海。

⑨当风雨骤然停止时，有可能是进入台风眼的现象，并非台风已经远离，短时间后狂风暴雨将会突然再来袭，不可急于出门。

大风

城市中，大风及其在建筑物之间产生的"强风效应"时常会刮坏房屋、广告牌和大树等，并会妨碍高空作业，甚至引发火灾。

应急要点

①大风天气，在施工工地附近行走时应尽量远离工地并快速通过。不要在高大建筑物、广告牌或大树的下方停留。

②及时加固门窗、围挡、棚架等易被风吹动的搭建物，妥善安置易受大风损坏的室外物品。

③机动车和非机动车驾驶员应减速慢行。

④应密切关注火灾隐患，以免发生火灾时火借风势，造成重大损失。

⑤留意天气预报，做好防风准备。

⑥切勿在大风天气外出。

高温

日最高气温达到 35℃（包括 35℃）以上，就是高温天气。高温天气会给人体健康、交通、用水、用电等方面带来严重影响。

应急要点

①室内利用空调降温时，温度不宜过低。

②大汗淋漓时，切忌用冷水冲澡，应先擦干汗水，稍事休息后再用温水洗澡。

③饮食宜清淡，多喝凉白开水、冷盐水、白菊花水、绿豆汤等防暑饮品。

④保证睡眠，准备一些常用的防暑降温药品。

⑤白天尽量减少户外活动时间，外出要打伞、戴遮阳帽、涂抹防晒霜，避免强光灼伤皮肤。

⑥如有人中暑，应立即把病人抬至阴凉通风处，并给病人服用生理盐水或防暑药品。如果病情严重，需送往医院进行专业救治。

沙尘暴

沙尘暴是指强风将地面大量的尘沙卷入空中，使空气特别混浊，水平能见度小于 1000 米的灾害性天气。沙尘暴会造成空气质量恶化，影响人体健康和交通安全，破坏建筑物及公共设施，严重时还会造成人员伤亡。

应急要点

①发生强沙尘暴天气时不宜出门，尤其是老人、孩子及患有呼吸道过敏性疾病的人。

②外出时要戴口罩，用纱巾蒙住头，以免沙尘侵害眼睛和呼吸道造成损伤。

③外出时应特别注意交通安全。

④及时关闭门窗，必要时可用胶条对门窗进行密封。

⑤妥善安置易受沙尘暴损坏的室外物品。

⑥平时要做好防风防沙的各项准备。

暴雨

暴雨，特别是大范围的大暴雨或特大暴雨，往往会在很短时间内造成城市内涝，使居民生命财产遭受损失，给城市交通带来重大影响。

应急要点

①预防居民住房发生小内涝，可因地制宜，在家门口放置挡水板或堆砌土坎。

②在户外积水中行走时，要注意观察，贴近建筑物行走，防止跌入窨井、地坑等。

③室外积水漫入室内时，应立即切断电源，防止积水带电伤人。

④平时要注意不要将垃圾、杂物丢入马路下水道，以防堵塞，积水成灾。

⑤暴雨期间尽量不要外出，必须外出时应尽可能绕过积水严重的地段。

⑥在山区旅游时，注意防范山洪，若上游来水突然、混浊、水位上涨较快，须特别注意。

冰雪天气

冰雪天气时，由于视线不清，路面湿滑，给出行带来很多安全隐患，极易发生交通和跌伤等事故。

应急要点

①老人、孩子及体弱者应避免出门。

②非机动车驾驶员应给轮胎少量放气，增加轮胎与路面的摩擦力。

③冰雪天气行车应减速慢行，转弯时避免急转以防侧滑，踩刹车不要过急过死。

④在冰雪路面上行车，应安装防滑链，佩戴有色眼镜或变色眼镜。

⑤路过桥下、屋檐等处时，要迅速通过或绕道通过，以免上结冰凌因融化突然脱落伤人。

⑥能见度在 50 米以内时，机动车最高时速不得超过每小时 30 千米，并保持车距。

⑦发生交通事故后，应在现场后方设置明显标志，以防二次事故的发生。

大雾

　　当大量微小水滴悬浮在近地层空气中，能见度小于 1000 米时，就是大雾天气。它会给城市交通带来严重影响，容易造成交通事故。大雾天气时，城市中排放的烟尘、废气等有害物质容易在近地层空气中滞留，影响人体健康。

应急要点

　　①不要在大雾天气时外出锻炼。

　　②大雾天气出行，行人应注意交通安全。应戴上口罩，防止吸入对人体有害的气体。

　　③有呼吸道疾病或心肺疾病的人，大雾天不要外出。

　　④大雾天空气湿度大，电力设备的绝缘表面会发生击穿现象，可能会造成大面积停电。因此，家中应准备一些照明用具。

雾霾

雾霾天气对大气环境、人体健康、交通安全都会带来不利影响。

应急要点

①雾霾天气少开窗。在雾霾天，家庭应关闭门窗，选择中午阳光较充足、污染物较少的时候短时间开窗换气。空气净化器的过滤网能够有效吸附有害物质，起到净化空气的作用。

②在雾霾天气尽可能少出门，取消晨练，非要出门时最好戴上医用口罩防护，避免呼吸道受刺激导致疾病发生；外出归来，应立即清洗面部及裸露的肌肤。

③避免雾天锻炼。可以改在太阳出来后再晨练。也可以改为室内锻炼。

④尽量远离马路。上下班高峰期和晚上大型汽车进入市区这些时间段，污染物浓度最高。

⑤雾霾天饮食上要选择易消化且富含维生素的食物，多吃新鲜蔬菜和水果，少吃刺激性食物，多吃些梨、橙子、百合、黑木耳、猪血等具有滋阴润肺功效的食物。

⑥勤喝水莫熬夜。喝水可让分泌型免疫球蛋白 A 和黏液纤毛更加强壮，首先要多喝水，再就是要注意休息，不能让身体抵抗力因为熬夜、紧张等因素下降。

选择口罩注意事项

①选用合格的防尘口罩。

②口罩要和脸型相适应，能够最大限度地保证空气不会从口罩和面部的缝隙进入呼吸道，使用者要按使用说明正确佩戴。

③口罩既要能有效地阻止粉尘，又要使作业者戴上口罩后呼吸不费力，重量要轻，保养方便。

④防尘口罩戴的时间长了就会降低或失去防尘效果，因此必须定期按照口罩使用说明更换。使用中要防止挤压变形、污染进水。

滑坡、崩塌

斜坡上的岩土体受到河流冲刷、地下水活动、地震及人工切坡等影响，在重力的作用下，沿着一定的软弱面（或软弱带）整体或分散地顺坡下滑，称为滑坡，俗称"走山"。

陡峭斜坡上的岩土体在重力作用下突然脱离母体崩落、滚动，堆积在坡脚或沟谷的地质现象，称为崩塌。崩塌易发生在较为陡峭的斜坡地段。崩塌常导致道路中断、堵塞，或者坡脚处建筑物毁坏倒塌，如发生洪水还可能直接转化成泥石流。更严重的是，因崩塌堵河断流而形成天然坝，引起上游回水，使江河溢流，造成水灾。

应急要点

①两侧逃。感到地面震动，应以最快速度向两侧稳定区域逃离。向滑坡体上方或下方跑都很危险。

②缓坡停。无法逃离时，应找一块坡度较缓的开阔地停留。

③险地离。不要进入有警示标志的滑坡危险区。滑坡发生时，要远离房屋、围墙、电线杆等。因崩塌造成车流堵塞时，应听从交通指挥，及时接受疏导。

④雨季时切忌在危岩附近停留。

⑤不能在凹形陡坡、危岩突出的地方避雨、休息和穿行，不能攀登危岩。

⑥山体坡度大于 45° 或山坡成孤立山嘴、凹形陡坡等形状，以及坡体上有明显的裂缝，都容易形成崩塌。

⑦夏汛时节，人们在选择去山区峡谷郊游时，一定要事先收听当地天气预报，不要在大雨后、连阴雨天进入山区沟谷。

泥石流

泥石流是山地沟谷中由洪水引发的携带大量泥沙、石块的洪流。泥石流来势凶猛，而且经常与山体崩塌相伴相随，对农田和道路、桥梁等建筑物破坏性极大。

应急要点

①泥石流发生前的迹象：河流突然断流或水势突然加大，并夹有较多柴草、树枝；深谷或沟内传来类似火车轰鸣或闷雷般的声音；沟谷深处突然变得昏暗，并有轻微震动感等。

②去山地户外游玩时，要选择平整的高地作为营地，尽可能避开河（沟）道弯曲的凹岸或地方狭小高度又低的凸岸。发现有泥石流迹象，应立即观察地形，向沟谷两侧山坡或高地跑。

③切忌在沟道处或沟内的低平处搭建宿营棚。当遇到长时间降雨或暴雨时，应警惕泥石流的发生。

④逃生时，要抛弃一切影响奔跑速度的物品。

⑤不要躲在有滚石和大量堆积物的陡峭山坡下面。

⑥不要停留在低洼的地方，也不要攀爬到树上躲避。

地铁遇火灾

地铁已成为各大城市的重要交通工具之一，客流量大，人员集中，一旦发生火灾，后果十分严重。由于地铁本身独有的特点，一旦起火，容易造成火势蔓延扩大和有毒浓烟的产生，不仅威胁到乘客的生命安全，更给疏散和救援工作造成较大困难；同时，由于地铁内空间过大，大火报警和自动喷淋等消防设施配置不完善，并且一旦起火，地下电源可能会自动被切断，通风空调系统失效，失去了通风排烟作用。

应急要点

①发现火情后，应首先报警，然后寻找附近的灭火器材进行灭火，力求把初起之火控制在最小范围内，并采取一切可能的措施将其扑灭。如初期火灾扑救失败，应及时关闭车厢门，防止火势蔓延，赢得逃生时间。

②逃生时，应采取低姿势前进（但不可匍匐前进，以免贻误逃生时机），不要做深呼吸，可能的情况下用湿衣服或毛巾捂住口和鼻子，防止烟雾进入呼吸道；同时要注意选择好逃生路线，如果发生火灾，地铁里会有一个排风装置、送风装置，这个时候乘客要冲着风来的方向走，也就是说要顶着风走，迎面而来的是风而不是浓烟，有助于大家逃生。

③在逃生过程中要坚决听从地铁工作人员的指挥和引导疏散，决不能盲目乱跑，已逃离地下建筑的人员不得再返回地下，万一疏散通道被大火阻断，应尽量想办法延长生存时间，等待消防队员前来救援。

7 打雷下雨我不怕，安全防范记心间

别以为雷电离我们很远，每年夏天都有不少被雷击的悲剧发生！据有关部门不完全统计：我国每年因雷击造成的伤亡一直持续在 3000~4000 人，而且这一数字仍在持续上升。因此，孩子很有必学习一些打雷下雨天的安全常识。

防止雷电进入屋子

遇到打雷又下雨的天气，一定要立刻把门窗关好，尤其是住高层的住户，预防雷电直击室内或者防止侧击雷和球雷的侵入。不要站在窗户旁边，同时要赶快把家里的电器都关闭，电源插头也要拔下来，或者提醒父母做这件事。

不要去阳台上玩

遇雷雨天气，住在高层建筑里的孩子，一定不要去阳台上玩，也不要把头或手伸出户外，更不要用手触摸窗户的金属架，以免被雷击到。

不要在楼顶或树下避雨

雷雨天气不要在楼顶等建筑物顶部玩耍，也不能进入孤立的

棚屋、岗亭、大树下避雨，如万不得已，则需与树干保持 3 米以上距离，下蹲并靠拢双腿。

不要在水面和水边停留

雷雨天气，不可在河里、湖泊、海滨游泳，不可在河边洗衣服、钓鱼、玩耍，这些都是很危险的。

不要快速移动

雷雨中最好不要奔跑，更不适宜开车、骑车，在雷雨中快速移动容易遭雷击。雨中快速奔跑也是很危险的。

远离金属物质

在雨中行走时，不能撑铁柄雨伞，金属类的玩具最好收起来。避雨的时候要观察周围是否有外露的水管、煤气管等金属物体或电力设备，不宜在铁栅栏、金属晒衣绳、架空金属体以及铁路轨道附近停留。

不要使用手机

尽量不要拨打或接听电话，也不要发短信，家里的座机也应避免使用。因为避雷针只能保护建筑物，但对沿架空电线、电话线侵入的雷电波却无能为力。

雷雨天气注意要穿鞋

在雷雨天气赤脚行走或避雨，会加大被雷击的可能性。贪玩的孩子应该立即穿上鞋子，或者在脚底垫上塑料等绝缘物体。

不要洗澡

打雷闪电时不宜洗澡，因水管与防雷接地相连。雷雨天气，在野外和家中洗澡都是很危险的。

安全小故事

妈妈从幼儿园接小南回家。刚回到家里，就看见外面乌云滚滚，闪电过后又听见了轰隆隆的雷声，紧接着下起了大雨。小南没见过这么大的雨，他想趴到窗户边看看。妈妈连忙将他从窗户边上拉开。接着，妈妈将家中所有电器的电源插头都拔了下来。她对小南说："这是为了避免被雷击。"小南说："妈妈，我们给爸爸打个电话吧，让他早点回家。"妈妈听后却摇了摇头说："不行，这个时候也不能打电话、接电话，不然也可能会被雷击到。"小南恍然大悟："原来雷雨天要注意这么多的事情啊！"

怎样抢救被雷击伤的人

首先对烧伤或严重休克的人，应马上让其躺下，扑灭身上的火，并对其进行抢救。如果伤者虽失去意识，但仍有呼吸和心跳，应让伤者平卧，安静休息后，再送医院治疗。如果伤者已停止呼吸或心脏跳动，应查看伤者身体是否出现紫蓝色斑块，如果没有，说明处于"假死"状态，应采取紧急措施进行抢救。最有效的办法是进行人工呼吸和心脏复苏，并迅速通知医院，为抢救生命赢得时间。

8 地震发生了，该怎么办

地震灾害的伤亡主要由于地面震动导致建筑物倒塌造成。因此，地震发生时应反应迅速，及时采取保护措施。遇到地震要保持镇静，不能拥挤乱跑。震后应有序撤离。对于震动不明显的地震，不必外逃。已经脱险的人员，震后不要急于回屋，以防余震。

当处在剧烈晃动的状态时，不要离开安全的遮蔽物，这种时候很容易发生坍塌或者高空坠物，一定要耐心等到震动停止，再迅速逃离。即使震动停止，在逃生时也要记得护住头部。

住在平房的居民遇到地震时，如果室外空旷，应迅速头顶保护物跑到屋外；来不及跑时可躲在桌下、床下及坚固的家具旁，并用毛巾或衣物捂住口鼻，防尘、防烟。

住在楼房的居民，应选择厨房、卫生间等空间小的房间避震；也可以躲在内墙根、墙角、坚固的家具旁等易于形成三角空间的位置，要远离外墙、门窗和阳台。不要使用电梯，更不能跳楼。尽快关闭电源、火源。如果地震发生时，正在使用电源或者燃气等，一定记得关闭后再迅速躲避到安全的地方。因为地震发生，由于楼层的碰撞和运动，极容易引起火灾，造成二次伤害。

正在教室和工作场所的人员，应迅速抱头、下蹲，在讲台、课桌、工作台和办公家具下找地方躲避。

正在室内活动时，应注意保护头部，低楼层应迅速跑到空旷场地蹲下。尽量避开高大建筑物、立交桥，远离高压电线及化学、煤气等工厂或设施。

正在野外活动时，应尽量避开山脚、陡崖，以防滚石和滑坡。如遇山崩，要向远离滚石前进方向的两侧方向跑。

正在海边游玩时，应迅速远离海边，以防地震引起海啸。

在公共场所发生地震，应该听从现场工作人员的指挥，不要慌乱，选择结实的桌子等就地趴下，护住头部。地震过后，工作人员会安排疏散撤离，一定不要慌乱地往外逃。

身体遭到地震伤害时，应设法清除压在身上的物体，尽可能用湿毛巾等捂住口鼻，防尘、防烟；用石块或铁器等敲击物体与外界联系，不要大声呼救，注意保存体力；设法用砖石等支撑上方不稳的重物，保护自己的生存空间。

⑨ 保护自己，在运动锻炼中不受伤

孩子处于好动的年纪，几乎一刻也静不下来。孩子多做运动对孩子健康成长有非常大的好处，应鼓励孩子多运动。但是，运动中也存在很多的安全隐患，孩子运动不当会造成严重后果。

体育课中的安全隐患。孩子在上体育课的时候，由于不听从老师或者教练的指导，错误使用体育器材，或是自己不注意，容易发生跌伤、夹伤、刺伤等多种意外情况。孩子在玩球类运动的时候，会遇到和对方球员比赛时发生冲撞推挤的情况，导致受伤。

游戏中的安全隐患。孩子在嬉戏的时候，很容易失去控制，进而造成不必要的损伤。例如，孩子在打雪仗的时候，就有可能因为用力过猛，击中对方的要害而造成伤害。

业余运动中的安全隐患。孩子穿不合适的服装或鞋进行运动时，会增加孩子受伤的概率。例如，孩子在玩滑板的时候，没有戴头盔和护膝，稍不注意，就会给孩子带来极大的伤害。孩子在运动中，事先没有做好热身运动，空腹或者吃得太饱，也会发生意外。

由此可见，孩子学习在运动中如何保护自己很有必要，父母也要提前告诉孩子这些预防常识，并做好看护工作。

在父母的帮助下选择合适的运动项目。孩子对各种运动都有着浓厚的兴趣，但是不能任由孩子的兴趣做选择。父母要针对孩子的年龄特点和承受能力帮助孩子选择合适的运动项目，比如，年龄还小、身体柔弱的孩子就不适合选择举重之类的运动项目等。

运动前仔细检查。认真检查运动场所和孩子的运动装备，检查孩子的身体状况和服装，让孩子掌握正确的饮食方法，保护好孩子不受运动伤害。

不做太危险的动作。孩子看到电视上或者专业演员表演的高难度动作，会觉得刺激、好玩而去模仿。父母一定要对这种情况给予重视，孩子看此类节目的时候，要在旁边教育孩子：这是专业人员经过长期训练才能达到的，此外还需要搭档的配合和各种安全道具，普通人不能擅自模仿。

给孩子报正规的运动培训班。虽然社会上开办的舞蹈、体操、滑冰等培训班很多，但是教学水平良莠不齐。所以，父母不要因为急于将孩子送去受训，忽略了孩子接受不正规训练所带来的伤害。

要在老师或者教练在场的情况下运动。由于孩子缺乏自我保护能力，出现意外伤较多，父母应该告诉孩子：运动时，要有老师或者教练在场。这样即使发生意外，老师或教练也会及时采取急救措施，防止伤害扩大。

对于一些像攀岩、游泳等可能存在安全隐患的运动项目，在没有专人指导和看护的情况之下，父母不能让孩子独自参加。孩子做运动时，父母最好在旁陪同，不妨一起来运动，既可以增加亲子感情，还可以预防安全事故发生。

⑩ 运动损伤的急救方法

运动过程中难免会遇到各种各样的损伤事故，所以关于各种运动损伤急救知识是我们必学的。

止血

冷敷法：可使血管收缩，减少局部充血，降低组织温度，抑制神经感觉，从而止血、止痛、减轻局部肿胀。常用于闭合性组织损伤。

抬高伤肢法：抬高伤肢，可使伤肢血压降低，血流量减少，以达到减少出血目的。

压迫法：可以用手指直接敷上消毒纱巾压住出血部位，或用指腹压住出血动脉近心端搏动的血管处，如能压在相应的骨头上更好，以阻断血液，达到止血目的。

急救包扎法

（1）绷带包扎法：用绷带包扎伤口，目的是固定盖在伤口上的纱布，固定骨折或挫伤，亦有压迫止血的作用，还可以保护患处。绷带包扎要根据包扎部位的形态特点，采用不同的包扎方法。

环形包扎法：多用于腕部，肢体粗细均匀的部位。

螺旋包扎法：多用于肢体、躯干粗细相等处。

蛇形包扎法：多用于夹板的固定。

螺旋反折包扎法：多用于肢体粗细不等处。

"8"字包扎法：多用于手掌、手背、踝部等关节。

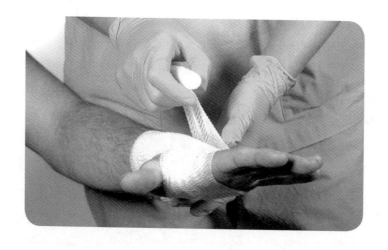

（2）**三角巾包扎法**：三角巾应用方便，适用于全身各部位。在急救中用途较广，可用于手部、足部包扎，还可对挫伤进行包扎固定，对不便上绷带的伤口进行包扎和止血。三角巾的另一重要用途为悬吊手臂，对已用夹板的手臂起固定作用等。

公交车上发现小偷

若在公交车站、人比较拥挤的时候发现有小偷对他人的口袋下手，可以假装挤过去，把受害者跟小偷挤开，他不知道你是故意的也不会伤害你，上车后再跟这位乘客解释；若在车上，发现小偷对他人或者自己的口袋下手，悄悄走到司机面前，告诉司机直接将车开到派出所，别过早指认是谁，以免小偷身上藏有匕首等利器伤人，到了派出所再站出来指认不晚。

在路上发现小偷

如果走在路上发现小偷正在对毫不知情的受害者下手，要机智地上前，亲切地给对方打招呼，例如：哥，给你打电话也不接呢？正找你呢！小偷一看有认识的人定会灰溜溜地走开；如果发现小偷已经得手，要联合身边的群众一起捉拿小偷，并且报警。但要注意，没有武器的情况下尽量不与小偷搏斗，保护自己的安危。

发现小偷入室

小偷经常会选择在人们熟睡的时候偷偷潜入家里偷盗，如果醒来发现家里被盗了，要保护现场并立即报警。如果你在熟睡中感觉到房间有异响，千万不要轻举妄动，若发现小偷在客厅偷盗，而你的卧室是反锁的，家里的其他房间又没有人，你可以偷偷打电话报警，或者向窗外大喊呼救。若发现小偷就在卧室翻东西，千万不要傻傻地反抗，小偷一般都身藏利器，先保证自己及家人的安全，待小偷转移到别的房间或者下楼，再报警或者呼救。

小偷拿刀抢财物

如果遇到小偷拿着刀子冲向自己要、抢财物，不要玩命抵抗，钱乃身外之物，生命比什么都重要。尽量不要激怒他，机智地与他周旋，并找机会报警。

孩子遇到小偷，保证自己安全最重要

如果在家遇到了小偷，不要慌张，不要盲目地尖叫呼救。要努力记住小偷的样子和他所穿的衣服颜色、特征等。然后快速躲起来，保护好自己。确定身边没有人后，立马拨打父母电话和报警电话"110"，要准确地说出：发生的事情、家庭地址，还有犯罪分子的特性。

在孩子放学回到家时，如果发现家门被撬开了，家里有动静，且怀疑家里进的不是父母的时候，应该去找小区的保安人员，然后让大人来处理。千万不要推门而入，问他是谁，为什么在自己家。一切以自己的安全为主，保护自己不会受伤。

⑫ 遇到坏人要求救

很多女孩在谈论如果遇到坏人性侵的时候怎么办，第一个反应是想着怎么反抗以及能够一击击倒对方的方法，其实这是完全错误的，首先应该是考虑如何最大限度的保护自己的人身安全，在确保人身安全的情况下，再去考虑要怎么办。

怀疑有人跟踪时

如果怀疑被坏人跟踪，一定要冷静，马上往人多的地方走，假装没发现被跟踪，在人多的地方多走几圈，并找朋友来接应你。如果周围就是居民楼，摆脱坏人的最好办法是大声呼救，在坏人未实行犯罪的时候，为了保证他自己的自身安全，自然不会贸然行动，大部分坏人会选择放弃继续犯罪。

如果没有想到摆脱坏人的办法，可以拿出手机打电话给信得过的人，故意大声喊"我在XXX地方10分钟之内赶紧过来接我"，目的就是让坏人听到，知难而退。如果已经做完上述所说的，坏人还继续跟踪你，那么就把所有的体力用来防御坏人的性侵行为。

已经开始实施侵犯

如果发现被坏人跟踪，而且坏人已经开始有侵犯自己的动作，

应该马上就跑，此时可以大声呼救，往容易被人发现的地方跑，能跑多远就多远，如果坏人追你，那就看看身边有什么东西可扔，除了手机，其他的东西都扔向坏人拖延坏人速度。

如果不幸被追上，坏人还准备施行性侵的时候，千万不要想怎么反击，成功率很低，坏人不是受到致命一击的话，你的生命安全也会受到威胁。此时任何的反击方法都是理论上的，要记住任何时候生命才是最重要的。

请在确保自身安全后及时报警，报警前不要洗澡，配合警方对损伤取证鉴定，妥善保管证据，积极配合警方调查。有伤痛及时就医检查。因为在实践中，性侵可能因为客观环境因素和主观心理因素导致缺乏有力证据。比如：发生在无监控区域、监控图像不清晰以及受害人不想声张等，给公安机关取证带来了很多困难。所以很多时候是需要当事人配合取证的，想要坏人受到法律的惩罚，最直接最重要的也是证据。

预防被性侵的情况发生

独行时要提高警惕

要注意观察，如果发现有坏人尾随，就尽快改变行走路线，想办法甩掉对方，比如，到派出所、治安亭、交通岗，以此阻断坏人的跟踪，也可以采用逆向候车、突然过街道乘公交车辆的方法甩掉坏人。

夜间单独外出要格外小心

晚上6点到凌晨6点是性犯罪高发时段。特别是夏季的夜晚更是性侵害发案的高峰期。在此期间，女生外出时不要穿着过分暴露，以免诱发性犯罪。上街或外出也不宜携带过多的钱物。劫财劫色常常是相连的，许多歹徒实施违法犯罪活动时，往往从劫财开始。

尽量不走太偏僻的道路

坏人一般选择偏僻的小路或街道、废弃的厂房、公园里行人较少的小树林、影剧院的角落、网吧附近的阴暗处等地方作案，如果经过这些地方要警觉，以防遭受犯罪分子的性侵害甚至人身伤害。

不要长时间与异性独处一室

女生去老师的办公室或寝室、男生的卧室，一般不宜超过30分钟。密闭的空间和熟悉的人，容易使女生放松警惕，遭受对方的性侵害。与陌生男人相识，不要轻率地跟随其回家或者去酒店，也不要喝对方提供的饮料，以防其在饮料里放药，使自己丧失反抗能力。

遇到有人纠缠尽快脱身

有人挡道拦截或纠缠时，要想办法尽快脱身，可就近求助于行人、住户，夜晚可奔向有光亮、有声音的方向。如果处于危险境地，应大声呼喊。这样一方面可以引起周围群众的注意，另一方面呼喊本身足以震慑作案分子。呼喊之后，瞅准时机迅速逃离危险境地。